神州探月

SHENZHOU TANYUE

本书编写组◎编

为了使青少年更多地了解自然热爱科学我们精心编写了这本书这是一本科学性和趣味性并存的著作，希望青少年朋友能在轻松的阅读中了解变幻莫测的大千世界，了解人类与自然相互依存的历史。只有这样，我们才能更理智地展望未来。

世界图书出版公司

广州·北京·上海·西安

图书在版编目（CIP）数据

神州探月/《神州探月》编写组编 . —广州：广东世界
图书出版公司，2009. 11 （2024.2 重印）
ISBN 978－7－5100－1219－8

I. 神… Ⅱ. 神… Ⅲ. 月球探索－青少年读物 Ⅳ. V1－49

中国版本图书馆 CIP 数据核字（2009）第 204858 号

书 名	神州探月	
	SHEN ZHOU TAN YUE	
编 者	《神州探月》编写组	
责任编辑	程 静	
装帧设计	三棵树设计工作组	
出版发行	世界图书出版有限公司 世界图书出版广东有限公司	
地 址	广州市海珠区新港西路大江冲 25 号	
邮 编	510300	
电 话	020-84452179	
网 址	http://www.gdst.com.cn	
邮 箱	wpc_gdst@163.com	
经 销	新华书店	
印 刷	唐山富达印务有限公司	
开 本	787mm×1092mm 1/16	
印 张	13	
字 数	160 千字	
版 次	2009 年 11 月第 1 版 2024 年 2 月第 9 次印刷	
国际书号	ISBN 978-7-5100-1219-8	
定 价	49.80 元	

前　言

　　我们知道，月球是地球最重要的伙伴之一，自古以来，人类对月球就有着各种各样的猜测和遐想，比如中国著名的神话故事"嫦娥奔月"就是中国古代人民对月球美好世界的一种幻想。

　　随着科技的发展，我们对月球的认识也不断深入。人类对月球的探索也取得了许多重大的成果，其中最重要的就是阿波罗登月的实现。

　　经过几十年的发展，我们国家无论在经济实力和科技水平上，都有了巨大的提高，中国也进入了大规模空间探索的时代。因此，登月探索，把中国的宇航员送上月球成为了时代的需要和发展的必然。"嫦娥计划"正是围绕以实现成功登月着陆为目的的月球探测计划。

　　本书《神州探月》正是围绕着"嫦娥计划"的诞生和中国的太空探索历程，以及登月远景预测等内容展开编写完成的探月科普书籍，主要内容包括：月球小知识，中国航天火箭技术历程，美丽宏伟的嫦娥工程，嫦娥一号卫星解读，我国月球探测二期工程展望，揭秘月球车，中国航天未来，世界主要航天国家扫描等。

　　书中除了介绍相关的月球知识外，还讲述了不少关于月球科学、宇宙探索、火箭和航天航空知识以及最新的探月科技等内容。通过阅读，青少年读者朋友可以全面了解中国航天探月的发展历史与进展情况，把握最新的探月科技、航空知识，成为一位月球探测科学方面的"专家"。图文并茂的编排，浅显易懂的文字，也可以激发青少年朋友们学科学、爱科学的兴趣和动力，为青少年读者朋友们的健康成长播撒了知识的阳光。

本书在编写过程中得到了有关专家和学者的指导和帮助，我们在此表示衷心的感谢。同时，由于探月科学是不断发展的，如果你对中国的嫦娥工程感兴趣，可以继续关注相关的新闻报道，了解最新的动态。

编　者

神州探月

目　　录

第一章　月球小常识

第二章　中国航天火箭技术历程

第三章　中国走上探月之路的历史回顾

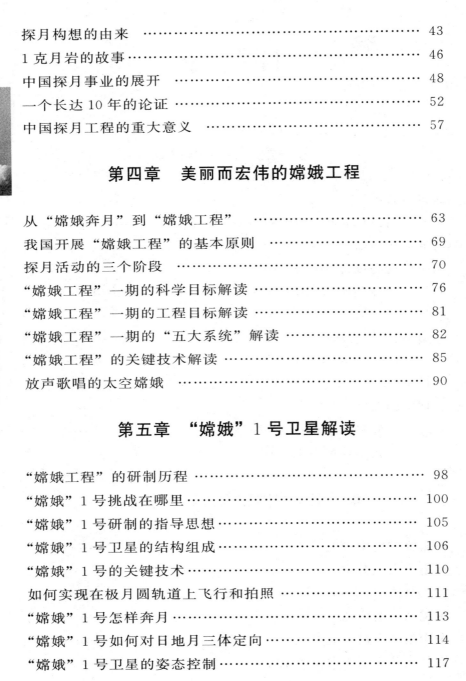

第四章　美丽而宏伟的嫦娥工程

第五章　"嫦娥"1号卫星解读

第六章　我国月球探测二期工程展望

第七章　揭秘月球车

第八章　中国航天方兴未艾

目录

第九章　世界主要航天国家扫描

神州探月

第一章　月球小常识

月球的概况

　　意大利科学家伽利略于 1609 年制成了一架简单的望远镜，首先用它来观察月球，自此迈出了人类用科学仪器观测天体的第一步。观察的结果使伽利略极其震惊，原来，月球并不像人们想象的那样洁白无瑕，景色迷人。月球上有明有暗，斑痕点点，有些地方甚至凹凸不平。他认为：那些不断改变颜色的明亮部分，一定是山脉；而那些总是黑暗的部分，一定是海。他将月面上这些黑暗的部分命名为海洋，比如"云海"、"湿海"、"雨海"、"冷海"、"风暴洋"等等。

　　继伽利略之后的 300 多年，人们不断地观测月球，绘制了很多的月面图，一张比一张精细。不过，人们在地球上看到的月球，始终是它朝着人们的那张"笑脸"，而它的"后脑勺"却一直没有看到。直到 1959 年 10 月 7 日，苏联发射的"月球3 号"月球探测器第一次飞到月球背面，对它的"后脑勺"拍照，这才使人们开始认识月球的全貌。原来，月球背面也极具荒凉坎坷，山地比正面的还要多一些。

　　月球在太阳系的卫星中虽然不算最大，但是同它的主星——地球相比，就是个大卫星。月球的平均直径是 3476 千米，约相当于地球直径的 1/4；它的表面积是 3800 万平方千米，约是地球面积的 1/14，比地球上亚洲的面积要小一点；月球的体积是 220 亿立方千米，相当于地球体积的 1/49；它的质量是 7350 亿亿吨，约相当于地球质量的 1/81；月球物质的密度是 3.34 克/厘米³，相当于地球密度的 3/5。像这样大比例的卫星，在太阳系里是少有的，月球和地球简直就像是一对行星。

朝向地球的月面

月球离地球有多远呢？从月球到地球的平均距离是 384400 千米，大约是地球半径的 60 倍，相当于环绕地球赤道 10 圈的行程。

月球绕地球旋转的轨道不是正圆形，而是椭圆，所以距离有远近不同：最近的时候只有 363300 千米，而最远的则是 405500 千米。只要注意观察，就能看出月球有时候会大一些、亮一些，离地球最近的时候要比最远的时候看起来大 12%，亮 30%。

月球表面上的暗斑，就是被伽利略称之为"海"的部分，实际上并不是海，月球上没有一点水，"月海"其有名无实，黑暗的部分是比周围低洼的广阔平原。最大的"月海"——风暴洋的面积为 500 万平方千米，比我国面积的 1/2 还要大一些。"月海"共 22 个，大约占月球总面积的 40%，剩下 60% 发亮的部分就是"陆"。这里是高地和山脉，峰峦重叠，沟壑纵横。"陆"比"海"平均要高出 1500 米。

月球上的环行山

月球上的"海"徒有虚名，但山却是名副其实。山脉不多，并且多以地球上山脉的名字命名。月球上的山与地球上的山相比一点不逊色，甚至更加险峻陡峭。最长的山脉长达1000千米。比如月球南极附近的莱布尼兹山脉，最高的山峰高达9000米，使得地球上的最高峰见了它也得"认输"。

月球上最多的是环形山。"陆"上与"海"里都有，而"陆"上比"海"里多出许多。用望远镜能够看清的直径超过1000米以上的环形山，大约有33000多个，直径小于1000米的只能叫做坑穴，多得数不过来。环形山大多是圆形的，四周山壁比较突出，内坡陡峭，外坡平缓，样子很像火山口。有些环形山中心还耸立着一个独立的山峰，叫"中央峰"。环形山的山壁高低不平，高度一般在200～500米。环形山的范围有大有小，最大的是月球南部边缘的贝利环形山，直径295千米，四周山壁高达4250米，是真正被高山包围的大平原，就是把我国的海南岛装进去也填不满。有些环形山四周山壁不高，但中间底部陷得很深。最深的是牛顿环形山，比外围的平原低7000米，比山壁低8858米；把地球上最高的珠穆朗玛峰装进去，也看不见山尖。

月球表面的陨石坑

关于环形山的形成有两种说法。一种认为是火山喷发的结果。火山喷发时岩浆喷涌出来，流向四面八方，形成了环形山壁，而火山口就是环形山中间的盆地。另一种说法是行星际空间有许多飘荡的石头——流星体，因为月亮没有大气保护，所以它们可以肆意地冲击月面，进而造成坑穴和环形壁。这两种说法各有道理，但仍需进一步探索研究。

除了"海"和山，月面上还有许多其他的结构：以环形山为中心向四面八方延伸的长而宽的条纹——"辐射纹"，像峡谷一样悠长的裂缝——"月谷"，"海"的分支——"湾"，比"海"高而比"陆"低的区域——"沼"，范围相对较小的"暗块"——"湖"，等等。

同地球一样，月球上也有土壤，厚度从几厘米到几十米。人们原来认为月球上的尘土很松软，但是在登上了月球以后，发现留下的第一个脚印有几分之一厘米的深度。土壤里包含氧、硅、铁、硫、钴、铝、镁、钛等元素，没有发现与地球上不一样的新元素。比较稀奇的是这些土壤里含有不少玻璃质的小珠，它们大概是流星体撞击月面，在产生高温高压后，被烧化了的岩石，向四周飞溅形成的。

土壤下面是岩石，大部分是由熔岩凝固而成的玄武岩。地球上常见、含量很丰富的钠和钾，在月球上都很少见，而在地球上比较稀有的锆、铪、钇和稀土元素，在月岩中含量却很

月球表面近景

高。另外，月岩中含有大量的铁、铝和钛，这些矿藏都可以开发，用来满足人类将来的需要。人们利用放射性纪年法，测得月面岩石的最高年龄是47.2亿年，与地球年龄差不多。所以月球和地球很可能是在同一种环境条件下，一起诞生的。

月球虽然荒凉沉寂，但并不是一个完全僵死的天体。它内部的温度仍然很高，月震、山崩、火山喷发等这些类似地质变动的自然现象仍会时刻发生，因为月球仍然活动着。

人类对月球的认识

人类进军宇宙的第一个目标是地球的近邻——月球。它是地球的卫星，所以它就像一名卫兵，在地球的周围环绕。月球与地球是形影不离的，它柔和的光亮，让天文学家和诗人们无

神州探月

法自拔。自古以来，很多的文人墨客吟诗作词，给月球蒙上了各式各样的面纱。

自从伽利略以来，人们用望远镜看到月球上有许多环形山，山与山之间有凹地，天文学家最初称它为"海"，但事实上它不是什么海，更没有水。月球上有很多数不清的坑，这是宇宙中的流星击中月球而造成的。为什么月球这么"不幸"呢？说来还得怪罪于它本身，由于月球的引力很小，总是"留"不住空气，于是月球上的大气层越来越薄。流星在进入月球过程中不能毁灭，可以没有余地地砸到月球上，就留下了点点"伤痕"。月球是一

月球全景

个容不下任何生命的星球，这一点科学家们非常清楚。我们探索月球的目的，不是为了从月球上寻找生命，而是想把月球变成一个供宇宙航行的地方，然后可以从这里向更远的宇宙探索。此外，由于在月球上更方便了解宇宙空间的知识，所以我们可以把一部分仪器放在那里，获得更多的重要资料。还有就是，月球一直保持着原始的状态，还是几千万甚至几亿年前的样子，因此研究月球岩石和地质构造，对了解地球的生成及演变有很大的帮助，这就是人们对月球一直感兴趣的原因。

2000 年前，人类就向往月球。16 世纪意大利物理和天文学家伽利略（1564～1642）发明了望远镜，人类第一次通过望远镜观察到月球。这给人们认识月球提供了很大的帮助。18 世纪末，人们拍摄到的照片仍然是始终面向地球的月半球，分辨率仅为 1000 米左右；在同时人们出版了月球图。但人类仍然只能看到月球的轮廓，而对月球结构、月面实际情况以及月球空间环境还是不清楚。

月球自转和绕地球的运行是同步的，周期为 27.32 天；可见面中约 1/3 是阴暗色盆地，即最初称为"海"的部分。月球赤道直径是 3476 千米，是地球直径的 27.25%；它的体积是地球的 2%，质量是地球的 1%（地球密度为 5.5 克/厘米^3，而月球密度则是 3.3 克/厘米^3）。月球轨道呈椭圆形，近地点 363300 千米，远地点 405500 千米。月球表面到处是堆积的尘埃，没有空气和水。因为是一个真空环境，向日面和背日面有着很大的温度差。美国加利福尼亚州威尔逊天文台曾记录，月球赤道点中午温度是 101℃，而子夜为 -152.7℃。

要在空间时代之前了解月球，只能根据对电磁和粒子辐射的研究，利用望远镜观察，测量原始行星引起的太阳风，并寻找陨星落到地球上的碎块来分析。在"阿波罗"宇宙飞船没有登上月球前，很多天文学家以为月球与地球一样有球粒陨星的组分。有的行星学者甚至认为月球很热。月球"热"和"冷"的学派争论持续很长的一段时间。

1893 年，格罗夫·卡尔·吉伯特（1843～1918）对月球表面有了新的解释，表示支持月球寒冷学派。他用美国海军观测站的 0.67 米焦距望远镜观察了月球 18 个夜晚，并假定浅灰色月球与巨大的物体面碰撞而形成平坦的表面。1961 年获得诺贝尔化学奖的哈罗德·克莱顿·尤里（1893～1981）如此解释他看到的月与地之间的差别："地壳岩石很可能是因为经过未完全熔化过程和长期的分裂而形成的，在月球上未产生后期的分化。"美国史密森天体物理观测台台长弗雷德·惠普尔认为在月球上有许多火山的活动证据；最大的火山口是因为小行星或陨星的碰撞。天文学家和企业家拉尔夫·鲍德温推测，大部分月面是由于强大物体碰撞、通过热和压力而形成岩石。1963 年英国天文学家帕特里克·穆尔指出，月球硬壳是灼热黏稠岩浆的固化；1966 年美国地质学家杰克·格林认为月球海是由玄武岩构成的，类似地球上的火成岩。根据美国宇航员带回来的月岩分析，证实了美国耶基斯和麦克唐纳天文台台长杰勒德·凯珀（1905～1973）1954 年作出的结论：月球是由放射性热物质

构成的。

有关月球起源的争论形成了三个学派：凯珀认为月球的形成同地球一样长久；尤里从动力学观点推测月球起源假定月球是因太阳阴霾的某一个地方被捕获而形成。乔治·达尔文（1854～1912）提出了第三种不同的说法。他介绍说，在聚变过程中，由地球喷射出的物质中一个巨大滴分化而迅速旋转形成月球，那个巨大滴在近地球轨道上停留，由于潮汐驱动分开成为月球。他的观点得到美国天文学家威廉·皮克林的支持。他还认为太平洋盆地是由巨大滴分化而遗留下来的。月—地分开论的一些支持者引用了月球密度（3.3克/厘米^3）低于地球平均密度（5.5克/厘米^3），等于地壳和地幔表现部分密度的情况作证据。

苏联认为月球起源是根据物理力学概念演化而成的。该理论认为，在地球形成时小物体和重粒子围绕在地球四周，最后形成月球。关于地——月系的形成，苏联则认为从日心轨道粒子开始，由一个小核心开始，在质量上渐渐变大而形成月球；或者在绕地球质量的同时先形成几颗大卫星，每一个大约相当于月球现在质量的 1/2 或 1/3，以后渐渐

乔治·达尔文

因潮汐的摩擦，而逐渐接近轨道并引起碰撞结合。

月儿有圆有缺

月球的阴晴圆缺，总是有规律地变化着。人们每天都看到这种变化，却不一定知道变化产生的原因。

早在 1800 多年以前，我国东汉时代的天文学家张衡就提出了他的观点，月球本身不发光，它的光是由于太阳的照耀反

射出来的。宋代学者沈括进一步指出，月球的形状像弹丸，只有太阳照耀时才发出光来：当太阳在月球的旁边时，光只能从一侧照耀它，我们就看到了"月如钩"；当太阳渐渐离得远了，阳光斜照过来的时候，月相也就开始慢慢地"满"起来。沈括用了一个半边涂了白粉的球做实验：从侧面看，涂粉的地方就是一个弯钩；从正面看，则变成一个正圆。

　　月球实际上是一个黑暗的天体，自己不会发光，只能靠反射太阳光而发亮，所以我们才能看见月球。月球是地球的卫星，它不停地绕着地球运行的同时，又和地球一起环绕着太阳转动，这样就造成了太阳、地球、月球三者之间的相对位置不断发生着变化，而我们在地球上见到月球就有了阴晴圆缺。月亮圆缺的各种形状，被称作"月相"。

神州探月

残　月

　　月球公转时会出现 8 个不同位置。太阳光从右面照来，当月球转到太阳和地球中间，太阳照亮月球的背面，这时候，月球和太阳同时从东方升起，又同时从西方落到地平线下，所以人们看不见它。这个位置的月球被称作"新月"或者叫做"朔"。"朔"以后两三天，太阳光能够照亮它朝着地球那半球的边缘部分，我们可以在太阳沉下去的西边天空，看见弯弯的一钩月牙儿，这就是蛾眉月。"初三、四，月如眉"的说法就是这样来的。当月球慢慢转到与太阳和地球的连线成 90° 的位置时，被我们看见的明亮部分不断增大，这时候看到的半个明月，叫做"上弦"。半月一过，月球一天圆过一天，这时到了"凸月"的阶段，百姓们以"七洼八平九鼓肚"的说法来形容"上弦"前后几天的月相变化。等到月球转到与太阳完全相对的一面的时候，地球处于太阳和月球中间，太阳光把月球对着地球的半面完全照亮起来，每当夜幕降临，我们就看到非常圆的月球，这叫做"满月"或者"望"。人们常说"八月十五月正圆"的说法，不过确切地来说，真正的"满月"一般不在农历十五，而是在农历十六，甚至农历十七。

这以后，我们看得见的月球的明亮部分逐渐变小，从"凸月"变成了半亮半暗的半月，叫做"下弦"。这时候，我们往往要到午夜才能在东方看到月球，直到天光大亮，仍可以在天空看见它。再过几天，下弦月变成弯弯的镰刀似的月牙，只在黎明时才开始出现，称为"残月"。又过几天，月球完全看不见了，就又回到了"朔"，重新开始新月时期。

月球完成这样一个周期变化，平均需要 29 天 12 时 44 分 3 秒。这样的时间间隔称作"朔望月"，农历的月就是根据它而确定的。因为"朔望月"的天数不是整数，就取个约数 29.5 天，大月 30 天，小月 29 天。

月球为何有时早，有时晚呢？

如果月球是静止的，那么根据地球自转的规律，我们每天在相同的时间里都应该看到月球的东升西落。但是，月球同样绕着地球自西向东地公转，这样，在地球自转了一周之后，月球也已在它公转的轨道上转了一段距离，地球只有再向前转过一点儿，追上月球的时候，我们才能看到它。所以，月球升起的时间，总是越来越晚，平均每天要晚 50 分钟左右。

月球本身并不能发光，我们看到的皎洁的银光是由于太阳光的反射。

由于月球绕地球旋转时，位置不停地变化，所以反射光的部分就有时增加，有时减少。从地球上看，月球会出现阴晴圆缺的变化。

如果月球转到了太阳和地球之间，又是怎样一种情况呢？这时太阳在月球的背面，月球和太阳同时从东方升起，又同时沉落于西方的地平线下，因此我们在地球上就看不到月球，这时便管它叫新月，或者是"朔"。

从新月再稍微过一些时候，月球会在太阳落下去的西边天空露出像线一样的条形影子。接着就从月牙再变成半月。

这时的月球，位于太阳和地球连线成直角的方向，它在星空中的位置比原来新月时的位置东移了 90°。

你仔细观察过蛾眉月吗？其实你只要细心看看就会发现：月球除被照亮的月牙部分外，其余部分则发着灰黄暗淡的光芒，好像月牙环抱着微弱的"灰光"。人们称这种现象为"新月抱旧月"。

这是怎么回事呢？原来，月球在反射太阳光照亮地球的同时，地球也反射太阳光照亮月球，灰光就是地球把太阳光反射到月面，再由月面反射回地面而形成的。灰光的颜色会不断地发生变化：当月球面向地球上辽阔的海洋部分的时候，灰光是浅蓝色的；而当月球面向地球上大陆部分的时候，灰光就变成淡黄色的了。

等到过了半月，月球会越来越圆。从新月开始算，在十四五天之后，会变成满月。

满月通常在地球处于太阳和月球中间的时候才出现。月球的轨道相对于地球的轨道来说有一点倾斜，太阳光可以随意地照着月球表面，这时从地球上就能看到很圆的月球。

表 1　月球的主要数据

赤道半径 （千米）	质量 （地球＝1）	平均比重 （水＝1）	距离地球 （千米）	公转周期 （天）	体积 （地球＝1）	比度 （最大）
1738	0.0123	3.3538	384400	27.322	0.0203	12.5

满月过后，月球开始从西面残缺，慢慢地变"瘦"。倘若把太阳和地球连成一条直线，而月球又刚好处在直角上的位置时，又变成了半月。这个时候直到午夜，月球才在东方天空出现。天亮以后，在南方天空仍能看到月球，到了中午才开始向西方沉落下去。

满月的光亮度

从天文上说满月发出的光，相当于一盏挂在 5 米远处的 25 瓦电灯。细细一想，满月的圆面相当于是两个半月，于是半月发出的光就是满月的一半。

我们实际测量的结果证明：无论上弦还是下弦，半月发出的光度只占满月的 1/12。这是由于，月球照到地球上的光的强弱不只由它的面积大小决定，还与光传播的方向、角度有关。满月时，月球与太阳、地球是"面对面"相对的，光可以直来直去，而上下弦时，日、月、地三者之间则成了直角，地球在月球的侧面。这样光要弱得多。加上月球上山和"海"的反照率（反射阳光的本领）相差悬殊，它们在两半球分布并不对称。上弦月也比下弦月球 6%～7%，正是这两个原因，才出现了这种似乎令人想不通的奇怪现象。

月球绕地球公转的同时也有自转。前面说过，月球始终"微笑"着望着我们，就是月球自转的证明。因为月球自转一周的时间，正好同它绕地球公转一周的时间相等。如果月球不自转，或者自转周期与公转周期不同，那么我们就可以看到月球的全貌了。由于月球沿轨道旋转时略带晃动，所以月球表面有 41% 一直向着地球，41% 一直背着地球，18% 有时候显露，有时候被隐藏。

月球是地球美丽的卫星

月球的直径约为 3476 千米，相当于地球直径的 1/4，是又大又美丽的卫星。与它的主星比起来，这样大比例的卫星，在太阳系里找不到第二个。

对地球来说，月球与其说是大卫星，不如说它是副行星。

从地球到月球的平均距离大约为 384400 千米，把 30 个地球依次排列起来，才能勉强到达月球轨道。

月球在它的轨道上绕地球旋转一周要用 27 天 7 小时 43 分 11 秒（公转），而月球本身在这个时间里也恰好能旋转一周（自转）。也就是说，月球绕地球公转和它自转的时间是相等的，因此月球永远只有一面对着地球。在地球上的人们，永远不能看到月球的背面。

因为月球沿轨道旋转时会有摆动，同时从地球上观看月球的人的范围分布比较广，所以可以看到月球表面的59%。

月球上的"海"

我们所看到的满月的月面并不全是一样，在月面上分布着许多暗淡的部分，这些部分究竟是什么呢？

以前人们把它想象成地球上的海，所以它被称为"海"。例如：雨海、晴海、云海、静海、风暴洋，等等。除此之外还有梦沼、虹湾、露湾等。但事实上它们都不是真正有水的海和湖，因为月球上是一滴水也没有的。

风暴洋

月球的东北部被风暴洋覆盖着，是面积最大的一个"海"，约为320万平方千米，相当于日本海的3倍以上。它实际只是一个干燥宽广的月球平原。它的西北处有一个"雨海"，这个"海"是所有的海当中面积最大的一个，东西约有1200千米，南北宽为1100千米。在这个"海"的北面，有一个虹湾，月面最美的地方就在这附近。

在"雨海"的西边，有个直径约为610千米近似圆形的"晴海"这样的海一般在月球背面很少，而正面较多。

1959年9月，苏联在历史上第一次发射月球探测器，月球的表面被命中。落地点于"澄海"以东靠近"雨海"边界的地方，在月面中心以北大约800千米。

此后，1964年7月，美国的月球探测器"徘徊者"7号也在风暴洋西南的"云海"正中心的地方落地。在它还没有到达地面以前，已经发回了4000多张传真照片，这些照片拍摄出月面的具体情况，这是在地球上无论如何也拍不出来的。除了在空中拍摄的照片以外，探测器在探查海面的实际情况上，也有许多的收获。

1965 年 2 月，"观察者" 8 号探测器在"静海"落地，拍摄了 7000 多张照片。从这些照片来看，月面上的海，像堆积着软泥的深海海底一样，留给人们平滑的错觉。当然，它的四处分布着小小的坑洼而不是平川。月面上的海，究竟是怎样形成的呢？

月海之谜

1967 年 9 月 8 日，美国用火箭把"观察者" 5 号探测器送上了月球，10 日从月面上安全返回，地点是"静海"。这是一个历史性的大事件。

"观察者" 5 号装有 α 射线分析仪，用它探测出"静海"面的岩石成分，其中含氧 58%，含硅 18%，与地球上的玄武岩差不多相同。

总之，火山喷出来的熔岩，流存到低处造成了月球上的海。这一点终于清楚了。

一般火山喷出来的熔岩当中，有一种黏性很强的安山岩质，类似日本浅间山。这种岩质冷却后，就变得很坚硬。

然而有人认为月球上的海，是像夏威夷基拉韦厄火山那样松散的玄武岩质，所以海的表面看上去松软平滑。月球上的海是否积存着很厚的尘埃呢？由"观察者" 5 号的探测知道，月球上的海完全是坚硬的玄武岩，几乎没有尘埃灰沙。这样，我们的宇宙飞船就可以在"海"上很放心地着陆了。

月球上的环形山

用望远镜观测的月球表面，是由无数大小不等的圆形坑穴组成的，这种圆坑四周隆起，被称作"环形山"。因为月球上的环形山太多，所以它的表面就像是一个坑坑洼洼的大麻子。

最大的环形山克拉维在月球南极附近，直径约 210 千米。另外还有直径为 192 千米的格里马第、直径在 160 千米以上的文德林和拉格朗日，等等。

从直径 10 千米到数十千米的环形山，在月面上是很多的。以前用望远镜仅能看到直径为 1～2 千米的环形山，像这样大小的环形山，在月面上大约有 5 万多个。从美国的"观察者"7 号和"观察者"8 号拍下来的照片上看，直径数米到数十米的小环形山遍地都是。这些小环形山密密麻麻散布在"海中"和"陆上"，使月球变成了一个满脸麻子的星球。

关于月球环形山的说法有两种，并且完全对立。一种认为环形山是飞转在宇宙空间的陨石，在月面上撞击造成的。

陨石有时也撞在地球上。但地球被一层很厚的大气覆盖着，较小的陨石和大气剧烈地相撞就变成了流星，同时陨石也在刹那之间燃烧毁灭。现在美国的亚利桑那州，还有一个叫巴林格的陨石坑。

这个大圆坑的直径为 1280 米，深 180 米。在它的周围发现了很多陨石碎片，有人认为很早以前，有一个大陨石飞来与大地相撞，然后就有了这个大坑。

月球上根本没有大气，陨石可以没有任何阻拦地以本来的形状径直向月面猛烈地冲来，所以就把月面撞出了许多坑穴，然后就出现了大大小小的环形山。

另一种说法是火山说。持这种观点的人们认为，月面上的环形山是由古时火山喷发而形成的。但是像 200 千米、100 千米直径那样大的环形山，即使地球上最大的阿苏山喷火口，直径也才 20 千米，比较而言，月球上的喷火口大得离谱。但是主张火山说的人们却认为："那是因为月球的引力很小，仅仅相当于地球的 1/6，所以只要一喷火，就喷出一个大洞，然后形成一个大环形山。"可是主张陨石说的学者们反对说："火山在地球并不是随处可见，只有在一些火山地带才存在，但是月面上的环形山却很多，这究竟是怎么回事呢？"

据月球探险的宇航员说，他们最先看见的是众多的环形山，它们几乎遍布月球。有些"环形山"的形状像火山口或陨石坑。一般月面环形山都有一个圆形的环带，内侧较陡峭，外侧的坡度则很小，在一些大环形山中间的平整部分，通常还有一个中心小山。

表2　月球的环形山

环形山的名称	直　径	环形山的名称	直　径
①克拉维	210千米	(11)阿尔芬斯	115千米
②贝里	180千米	(12)布兰卡纳斯	112千米
③席勒	164千米	(13)塞纳	112千米
④马格努斯	155千米	(14)莫列图斯	110千米
⑤托勒密	150千米	(15)克拉普罗斯	108千米
⑥朗戈蒙坦努斯	145千米	(16)威廉一世	100千米
⑦什托弗勒	128千米	(17)阿尔扎赫	96千米
⑧阿巴特纽斯	126千米	(18)第谷	90千米
⑨华尔特	120千米	(19)格劳贝格	87千米
⑩普尔巴赫	32千米	(20)阿里辛西斯	84千米

环形山的大小相差厉害，最大的位于月球的南极附近，直径达210千米，最小的只有几厘米。

当然，月球上也有一些真正的崇山峻岭，这种山脉（如阿平宁山）与地球上的山脉没有更多的本质区别，只是坡度更陡峭、山脊更尖利。

月球上的水和空气

在地球上，即使用尽全力向上扔东西，但最终都会落回地面，这是由于地球的引力。所以，地球才能吸住厚厚的大气层。月球的质量比较小，它表面上的引力仅等于地球的1/6，所以在月面，只要物体的速度超过每秒2.4千米（比炮弹快上一倍）就能逃离月球。我们知道，气体分子的运动速度都很快，尤其在阳光的加热下，大多数分子的热运动速度都超过了每秒 2.4 千米。因此，即使月球原来存在比金星还密集的大气，在几千、几万年之后也早逃光了。

水在月面上也会遭受同样的厄运。因为在真空中，水很容易就挥发，加上阳光的照耀，月面上的温度能达到 127℃，所以哪怕原来月面上遍布汪洋大海，也早就化成气体散发到宇宙空间了。

月球上的温度变化

我们地球上昼夜的温差不大，是因为有大气层保暖和海洋调节。但是月球上既没有大气也没有水，并且每次白天太阳持续十多天，黑夜也持续近半个月，所以白天、黑夜的温度相差悬殊。科学家们测定出，在太阳垂直照射下的月面上（相当于赤道中午时）温度大概有 127℃，但当太阳一没入地平线，温度计上的水银柱就迅速下跌，到深夜甚至降至 －183℃！一昼夜温差可达 310℃！

有趣的是，就算在白天，月面上各地的温度也不相同，在阳光照射的地方能把人烤焦，而在巨石或山谷的阴影中，温度会降到零下几十度，这是地球上永远不会发生的神奇事情。

月球上的"天"

我们在地球上看到的天空美丽无比，蓝天白云，阳光和煦；夜间，群星辉映、月光妩媚，就算是乌云翻滚、电闪雷鸣，也别有一番味道。

可是在月球上看到的一切都不一样，虽然阳光更加明亮耀眼，但它的天空却没有满天的繁星，无论黑夜白日，天空永远黑糊糊一片。因为没有大气，所以从来没有变幻莫测的美丽云彩，也不会有风雨交加的万千气象。但在月球上看日出，却是一番奇景。因为没有大气散射光的打扰，所以在日出前几分钟，月球的"地平线"就被淡淡的日冕光照亮了。这对天文学家来说是一个好消息。太阳地平线露面的时候，耀眼的银白色光芒就四处散射开来，到处一片通明，登月的目击者说：这种景象"很难描述"。

地球上太阳东升西落，昼夜 24 小时，但是在月球上，太阳升起至少两个星期后才会落下，因此星斗的移动也比地球上慢很多。不过，月面上的观测者看到的最动人的"天体"仍是我们的地球。地球在月面（正面）的天空中虽然在不停地自转，但它的位置几乎是不变化的，最奇妙的是，它也如月球一样，有圆缺盈亏的位相变化。在"满地"的时候，整个月面被它照得通亮，因为这时候，地球发出的光要超过满月 80 倍。对于一个身处荒凉的月面上、满眼只有漆黑、雪白两种相反色彩的宇航员来说，挂在月球上空的地球根本就是一幅让人舒心明目的名画，深蓝色的海洋中是大块黄色或棕色的陆地，不时会有美丽的白云在上面游荡，难怪那些宇航员都不由自主地大声赞美我们的地球是"漂浮在广阔宇宙空间中的最美丽的绿洲"。

月球离我们多远

月球，是人类飞出地球步入太空的第一个星球，也是人类在地球之外留下唯一足迹的星球。世界上所有的民族都对月球有深厚的感情。历代诗人留下无数关于明月的美丽诗篇，便是最好的证明。

人类第一个测出绝对距离的天体就是月球。这是很自然的，因为宇宙中离我们最近的天体就是它。

可是，有什么办法让我们测出月球的距离呢？用直尺、折尺或卷尺来量显然是行不通的。早在 2000 多年前就有人运用了一个很巧妙的办法。

在公元前 3 世纪初，萨摩斯岛上有一位伟大的天文观测家，名字叫阿里斯塔克（约公元前 310 年～前 230 年）。同时他又是一位天才的理论家，只是他的著作大部分都失传了。但是，他的《关于日月距离及大小》一书却流传到了今天。书中首先指出测定日月到地球距离的比值的方法：在上弦时测定太阳和月球之间的角距离。阿里斯塔克认为上下弦时日、月、地三者应构成一个直角三角形，月球在直角顶点上。他根据观测量出上弦时日月在天穹上相距 87°，由此得出太阳比月球远 19 倍。尽管这个结果比实际数值小 20 倍左右，但原理简单明了，让人赞赏。这是 2000 多年前关于测定天体距离的首次尝试，对结果的赞赏也应该超过对它的指责。阿里斯塔克又想到，由于日全食时月球恰好遮挡住太阳，所以它们的视角径相等，因此太阳的线直径也同样是月球的 19 倍。他还根据月食时的地影，计算出地球的影宽，进而得出月球的直径是地球的 1/3 的结论（今天知道实际是 0.27），因此，太阳的直径多出地球的 6 倍，而太阳的体积则是地球的 200 多倍。虽然这与实际情况（太阳比地球大 130 万倍）相差许多，但也充分证明地球不是宇宙中最大的天体。借此，阿里斯塔克天才地提出太阳和恒星一样，都静止在远方，而地球则在绕轴自转的同时又围绕着太阳运行。他还认为恒星比地球绕太阳运行的轨道更加遥远。因为这些想法，他被指控为亵渎神灵，他的理论也被人鄙视。然而，历史最终赋予他应有的地位，他远在哥白尼之前 17 个世纪就猜到日心系统的概况，因此恩格斯称他为"古代的哥白尼"。

他还想出一个奇妙的办法来测量地球与月球的距离，不过，在一个半世纪之后，才由伊巴谷将这个想法付诸实践。

古希腊所有伟大的天文学家中，伊巴谷（约公元前 190 年～约公元前 120 年）可以算是最伟大的一个。他奠定了方位天文学——也就是天体测量学的稳固基础。遗憾的是，后人对他的生平却一无所知，只知道他生于比锡尼亚的尼塞亚，在洛德岛工作过。他算出一年的长度是 365.25 天再减去 1/300 日，这个数字与实际情况只相差 6 分钟。他编出几个世纪内日月运动的精密数字表，用来推算日月食。并编出一份包括 1000 多颗恒星的星表，列出这些恒星的位置和亮度。伊巴谷在天文学上作出了杰出的贡献，人们把他称为"天文学之父"，而他也真正是一位名副其实的知识巨人。他留下大量的观测资料，为后人的重大发现创造了条件。可惜，伊巴谷的著作没有直接存留下来，人们在托勒密的著作中才了解到关于他的这些情况。

伊巴谷于公元前 150 年前后将阿里斯塔克提出的测量月球距离的原理付诸实践。当时希腊人已经意识到，月食是因为地球处于太阳和月球中间，从而地影投射到月球上而形成的。阿里斯塔克指出，掠过月面的地影曲线弯曲的情况应该能推出地球与月球的相对大小。按照这一点，运用简单的几何学原理就能推算出月球有多远——它和我们的距离是地球直径的多少倍。伊巴谷做了这一工作，算出月球和地球的距离恰好是地球直径的 30 倍。倘若采纳埃拉托塞尼的数字取地球直径为 12700 千米，那么月地距离就是 38 万千米有余。今天，我们知道月球绕地球运行的轨道是个椭圆，所以月地距离时时都在发生变化。月球离地球最远时为 405500 千米，最近时则为 363300 千米，由此可知月地之间的平均距离是 384400 千米，伊巴谷的测量结果与此十分接近。

然而，尽管阿里斯塔克的方法十分巧妙，伊巴谷的观测技术也很高超，但是他们那样的做法仍然不能获得高度精确的结果。当近代天文学兴起之后，人们必然会用更先进的方法来重新探讨"月球离我们有多远"这个古老的问题。

月球为什么不会掉下来

根据万有引力定律，地球和月球之间同样存在着巨大的吸引力。那么，月球怎么不像苹果那样掉下来呢？这个道理其实很简单。比如用一根绳子拴着一块石头，然后甩着它旋转，只要旋转速度快，石块就不可能掉下来。月球绕地球的速度为 1 千米/秒，这就是它能克服地球的引力而不下落的原因。如果月球的速度慢一些，它就难免会落下来。同样，要是人们在甩石头的时候突然松手或绳子突然断裂，石块将沿切线方向飞走。地球与月球之间的引力靠拉紧的"绳子"来维持，如果引力突然消失，月球就会像断了绳的石块一样沿着切线方向飞走。因此，地球和月球之间的引力，就像是一根无形的绳子将彼此拴在一起，使月球绕地球运动。

第二章　中国航天火箭技术历程

初露锋芒的中国航天业

1956 年 1 月，毛泽东在最高国务会议上指出："我国人民要有一个远大的规划，要在几十年内，努力改变我国在经济上和科学文化上的落后状况，迅速达到世界先进水平。"不久，国务院成立了科学规划委员会，确定了 57 项重点任务，其中特别强调了发展火箭、计算机、半导体等，因为这些尖端技术的发展会带动其他工业的发展。1956 年 2 月，从美国归来不久的著名火箭专家钱学森，在向党中央提交的"建立我国国防航空工业的意见"中，提出了优先发展导弹技术的设想。这个设想得到中央的肯定，1956 年 10 月 8 日，国防部第五研究院作为发展导弹的一个重要组成部分成立了；钱学森担任院长。这是个历史性的日子，它标志着我国的航天事业的起步。

为什么要优先发展导弹技术呢？第二次世界大战期间，德军的 V－2 导弹的威力震惊了英伦三岛，它不仅能高速飞行，还能准确地找寻目标，是英国皇家空军和防空部队的一块心病，所以在战后，美苏两国都非常重视导弹的研究，把发展导弹作为他们的优先项目。1945 年，美国往日本广岛投掷的原子弹，由一架 B－29 轰炸机运载，用战斗机群护航，这种行动不仅速度低，而且机动性能差，很容易受到攻击，战略分析家们指出，如果改由导弹来携带导弹头，则会产生不可想象的威力。当时，我国是美国的主要攻打目标之一，美军的许多带核弹头的溯际导弹都对准我国的战略要地，所以，发展导弹来抗御外来的威胁是非常必需的。另外，导弹是高技术的综合产物，要对涉及的材料、化工、电子等技术都有相当高的要求，所以导弹的发展能相应地带动其他产业的进步。基于这些方面的原因，在当时，优先发展导弹成为一项迫切任务。

国防部第五研究院是建立在一座破旧的疗养所的旧址上，里面集中了30多名从各个部门调来的技术专家和100多名刚从学校毕业的大学生。导弹的设计图纸、生产过程在国际上属于绝密，我国航天工业的先驱们面临的一个大难题是：没有参考资料。他们中的大多数人甚至从未见过导弹实物，于是，他们只能利用仅有的两枚苏制"P—1"导弹做试验，测数据，不分昼夜地为航天工业的发展作技术准备。

中国航天之父——钱学森

为了缩短我国导弹技术的摸索过程，我国政府和苏联政府进行谈判，要求苏联给予技术援助，最后苏方很不情愿地答应接收50名火箭专业的学生，并承诺提供导弹实物。1957年7月苏联向我国提供技术援助的态度开始有了好转，9月份，以聂荣臻元帅为团长的中国政府代表团和苏联签订了一项新技术协定。苏联从1957～1961年底向我国供应几种导弹以及相关的技术资料，并且派遣专家帮助我国进行仿制，同时增加了我国留学生的名额。苏联态度的转变对我国导弹研究的起步工作有着很大的帮助。

1958年，苏联政府根据协定向我国提供了几枚"P—2"导弹实物，这是由德国V—2导弹稍加改造而制成的一种近程地对地导弹。国防部第五研究院的技术人员对P—2导弹的原理与结构进行了仔细的分析与研究，他们凭着零星的资料计算P－2导弹的诸元，并且进行反设计，这类似于中学生做题中运用的反推法——由结果来推证结论成立的条件。这是非常重要的第一步。导弹是在第二次世界大战中出现的，主要由三部分组成：动力系统，制导与控制系统和有效载荷。动力系统由火箭发动机组成，有一级、二级和三级发动机之分，每一级发动机中产生的巨大推力使箭体飞离地面；制导与控制系统的作用是根据地面遥测信号发出的指令控制导弹飞行方向，这是与其他武器不同的一点，它牵涉到自动控制理论、电子线路、电子计算机和其他工程技术知识；有效载荷相当于弹头，一般是科学仪器、卫星、空间站，如果装上弹药就变成进攻性武器——导弹，也叫做弹导式火箭。当时，我国的导弹研制还处于空白状态，所以决定走一条从仿制到自行研制的道路，因为这种办法简单而且容易成功，同时能节省许多开支，技术人员研究与仿制 P－2 导弹的真正目的在于掌握火箭的设计与制造技术。

与此同时，远在千里之外的甘肃大戈壁深处，几万名中国人民解放军官兵正在紧张而有序地施工，他们要在这片纵横 9 万平方千米的南北大沙漠中，建成我国的航天第一港，为航天活动提供后勤、发射和监测保障。中国第一代火箭兵根本没有见过国产火箭，他们只能"边训练，边施工，边实验"。早期的施工极其困难，当时正值三年困难时期，战士们只能在一间草棚里挤着吃饭，晚上则睡在简陋的工棚里。夏天，阵阵滚烫的热浪袭来；冬天，寒风裹着黄沙像要把人吞掉的样子。战士们的革命精神发扬到极致，忘我地工作着，身经百战的将军们，也整日和战士们摸爬滚打在一起风餐露宿。1959 年 3 月的一天，担任援华军事顾问组长的苏联陆军大将赫里巴涅夫从北京乘飞机抵达基地，检查苏联专家的工作情况，中国士兵在这样恶劣的条件下，出色地完成了各项施工任务，让他大为感动。他怀着对中国人民的赞赏，指示苏联专家要全面同中国人合作，认真地传授技术。

在仿制 P－2 导弹工作的后期，苏联对我国态度又发生了

神州探月

变化，对中国人民怀有深厚感情的苏联专家组组长赫里巴涅夫大将被调离了中国，接替他的是一个高个子、红头发的海军武官。此后，苏联专家对中国技术人员的提问开始回避，要么就回答得很简单。国防部第五研究院的中青年专家们，只得从国外文献的字里行间去寻找一些线索，从苏联提供的图纸上去推测他们的设计理论、工艺细节等内容。尽管中苏技术合作遭到苏方的破坏，但仍有许多苏联专家无私地把技术传授出来，他们会故意把一些记有关键数据、资料的本子遗忘在设计室里，有的甚至私下给我国技术人员讲解关于技术细节的问题。有位年轻的苏联中尉军官因为向我国人员透露技术问题和技术资料受到上司的责罚，被调回国去。临行前，他含泪向中国同行告别："我这次回去大概要受到最严厉的处分，可能被遣送回去种地，"他喃喃地说，"不过我愿意这样做，中国朋友很好，你们会研制出自己的导弹的。"这位年轻的军官可能再也没机会来中国了，但许多中国技术人员都会记着这位高个子、有着金黄卷发的英俊青年。虽然他只会说几句生硬的中国话，但他的青春却献给了中国的航天事业。

经过一年多的努力，1959 年底，仿制和生产 P－2 导弹的工作进入最后阶段，对于中国生产的液氧能否做试验推进剂的问题，中苏专家产生了争执。苏联专家组的特种燃料专家武断地说，"必须进口，从我国进口，中国的液氧杂质很多，纯度太低，根本不可靠，即使我同意，我们的发射专家同意吗?"然后他把话题抛给了一个无比傲慢的发射专家。"我绝对不同意，液氧必须从我国进口，我们国家的产品是无可挑剔的。"发射专家说完后，为了证明他的论点正确，从手腕上摘下"Mosco"（莫斯科牌）表扔在地上，谁知这只表偏偏不给主人争气，躺在地上不动了。中方专家忍不住笑出来。最后，由于苏联专家坚持要进口，我国只能派人去中苏边境的绥芬河口岸与苏方谈判进口液氧的事情。

1960 年初，仿制的 P－2 导弹准备试验时，去绥芬河口岸采购液氧的人员却空着手回来了。原来，苏联政府私自单方面撕毁了一切合同，停止了中国所有项目援建，对我国进行了经济封锁。基地司令员孙继先中将非常生气，拍着桌子对苏联专家大骂，"你给我不漏一字地翻给他们听"，旁边的翻译顿时紧张起来，"奶奶的，拿我们中国人当猴耍，少了你们我们照样干"。不久，苏联撤走了所有专家，拿走了所有图纸、设备和原材料。就这样我国才起步的火箭工业遇到了非常大的困难，但同时全国各行各业都行动起来，在苏联专家撤走两个月后，我国就准备用国产燃料再次进行发射试验。

根据苏联 P—2 导弹仿制的 DF—1 导弹

1960 年 9 月 10 日，我国使用国产燃料的苏制 P—2 导弹，第一次在本土上发射成功，这次试验考核了发射场地质量以及操纵人员技术水平，结果证明，国产液氧是完全符合技术要求的，这为我国发射仿制型 P—2 导弹奠定了基础。11 月 5 日，甘肃大沙漠中的导弹发射场上，一枚墨绿色的导弹直冲天空，在阳光照射下泛出青色的光，这是我国自行生产的第一枚仿制型 P—2 导弹。指挥所在几十米深的地下，聂荣臻元帅、张爱萍将军亲自坐镇指挥，基地指挥员下达"30 分钟准备"命令后，偌大的发射场一片寂静，指挥室的控制人员检查完导弹的最后技术状态。"点火！"随着最后一道命令的下达，一根纤长的手指按下了红色按钮，瞬时，强大的气流滚过大地，墨绿色的导弹直冲云霄，沿着轨道飞去，10 分钟后，落点测量站传来了报告："导弹按预定轨道飞行，配重弹头准确落点。"指挥室欢声四起，从掩体里爬出的官兵抛起了军帽！荒漠的上空回响着欢呼声。

当天晚上，聂荣臻元帅在试验场举行的祝捷宴会上给全体人员庆功。他在祝酒词中说：我国自己制造的第一枚导弹在祖国的地平线上飞起了。这是我国军事装备史上重要的一个转折点。

探空火箭的升空

1960 年 2 月 19 日，甘肃酒泉发射场的技术人员正在为我国第一枚仿制导弹的发射作准备时，远在几千千米之外的东海之滨，20 米高的发射架上已经装上一枚国产"T－7M"探空火箭，人们正在作最后的技术检查。

发射场设在上海郊区南汇距离老港镇外 2000 米的一块平地上，这是我国最早的火箭发射场地之一。指挥所设在发射架 100 米开外的地方，总指挥要扯着嗓子向发射架上的技术人员发问，靠他们的手势来判断火箭的技术状况。因为当时既没有大屏幕显示，也没有无线电对

酒泉卫星发射基地

讲机。这个指挥所是由沙袋和木头垒成的，活脱脱一个掩体，旁边是临时借来的一台 50 千瓦的发电机，席子简单地将四周围起来。火箭的燃料是用自行车打气筒作动力源灌注进去的。当它升空后，地面的监测员用手摇动测向天线，追踪目标。这对 80 年代的人来说是无法想象的。

"T－7M"火箭发射成功了。它是我国自行设计生产的液体燃料探空火箭。发展探空火箭作为我国早期航天活动的一项主要内容基本上分为气象、生物和用于技术实验三类。它由箭头和箭体两部分组成。箭头上装有实验仪器或生物，发射后，箭头和箭体在高空中分离，然后，箭头依靠降落伞返回地面，地面的技术人员对箭头内仪器记录的数据进行分析，得出结论。

1960 年 5 月 28 日晚，毛泽东去上海视察，参观了上海新技术展览。在尖端技术陈列室，毛泽东仔细观看了"T－7M"火箭模型，当他知道这种火箭能飞 8 千米高时，非常高兴地说："8 千米那也了不起，不过以后应该 20 千米、200 千米地搞上去。"技术人员受到很大的鼓舞。

上海市郊南汇县的发射场条件十分简陋，而且离海太近，回收探空火箭箭头有不少的困难，后来又在我国安徽省广德县的深山之中，高速建成了一个新的火箭发射场，这里进行的多次生物实验为弄清生物在超重、失重、高空辐射条件下的生物变化提供了可靠的数据。这为人类进入太空所需的生命保障系统做出了很大的贡献。

1964 年，国防部第五研究院为太空生物实验设计出一枚型号为"T－7A"的探空火箭，它是由"T－7M"火箭改进而成的，全长 10.81 米，重量为 1165 千克，采用主发动机和助推器，在主发动机燃料烧完后，和箭体绑在一起的助推火箭点火仍然飞行，箭头内分别设置了密封生物舱、生物保障系统、摄影系统以及心电图遥测装置和安全回收装置。我国第一次进入太空的生物是大白鼠，1964 年 7 月 29 日进行的一次实验中，箭头的生物舱里装有两只固定的大白鼠，两只活动的大白鼠和两只小白鼠，为了使地面人员能知道在火箭加速过程中以及高空宇宙线辐射下的大白鼠心电图，技术人员专门设计了一个监视大白鼠心电的遥测装置，一架特制摄影机专门拍摄大白鼠在超重和失重时的活动情况，以供研究生物能承受几个 g（重力加速度）。1965 年 6 月 1 日进行的第二次试验也获得很大成功，火箭达到 60～70 千米高度，心电遥测信号清晰，箭头在空中和箭体分离后弹出降落伞，然后徐徐下落，里面的两只白鼠都活着，这说明生物保障系统设计是可靠的。

1966 年 7 月 15 日，我国又送一条狗太空作生物飞行试验。因为狗的身体较白鼠大，所以设计了新的生物箭头，将生物舱的生命保障系统功能设计的更为完善。舱内是一只名叫"小豹"的雄性狗、4 只大白鼠和 12 支生物试管，还有一个记录超重、失重、再超重情况下狗的高级神经系统活动的装置，如动作协调、空间方位感等，同时还能记录狗的心电、呼吸、体温、血压等常规指标。此外，还有一个自动调节二氧化碳和供氧浓度的装置，能给狗一个很好的生存环境。这次试验动用了两枚"T－7A（S2）"探空火箭。发射前，研究人员在地面上对狗作了多次的试验，记录了很多数据，用来和飞行获得的数据比较。火箭发射成功后，地面监控站有了大量数据，空军的直升机盘旋在计算机提供的弹着点上空。生物舱以小于 10 米/秒的速度慢慢着陆，生物研究人员立即对"小豹"进行了检查，结果显示一切正常，将陪乘的大白鼠解剖后，发现其内脏也没有损伤。这次试验为我国将人送入太空打下了基础。

探空火箭解决了航天工程中不少的技术问题，到 20 世纪 60 年代末期，我国已开始为发射人造地球卫星作最后的技术准备了。

"东方红" 1 号的顺利发射

20 世纪 70 年代的第一个春天里，我国甘肃酒泉卫星发射场上空几百千米处，每天都会出现一只神秘的大鸟，那是美国的一颗间谍卫星正在执行"BREMAN"计划。十几分钟后，"大鸟"在美国夏威夷海面上投下一个胶片回收舱，美国海军的飞机将这个胶卷容器在空中回收。飞行员对这个程序非常熟悉，"大鸟"定期在这里投下猎物，华盛顿国家图像判读中心将冲洗后的胶片投放在荧光屏上，于是美国的战略分析家和宇航局的专家们，都被这里面重复的内容给震惊了："噢，天哪，中国人马上要发射卫星了!"与此同时，我们北边邻国的电讯侦破专家们，也挤在情报局的监听站里，分析这片他们熟悉的地带与北京之间越来越多的电讯，他们显然不愿意承认这个事实，因为苏联的大部分地区都在中国的洲际导弹射程之内，他们再不愿意相信，也拿事实没办法。

1970 年 4 月 24 日晚，灯火通明的甘肃酒泉发射场上没有一个人影，所有的人都在自己的岗位，紧张地等待着发射时刻的到来。发射平台上，一枚"长征"1号运载火箭挺立着，这枚3级火箭的顶端，装载着我国自行设计的第一颗人造卫星"东方红"1号。这天，风速小于4～5米/秒，是个很适合发射的天气。晚上21点30分，运载火箭一声吼叫，便拖着几十米长的"尾巴"消失在夜空。地面测控站向指挥员报告："第一级火箭脱落……第二级火箭脱落……第三级火箭点火……"十几分钟后，最后一级火箭完成使命后和卫星不舍地告别，我国第一颗人造卫星顺利进入环地球轨道，片刻后，从太空传来了《东方红》的乐曲，中央人民广播电台开始向全国转播，顿时，全国人民都陶醉在这历史性的成功之中。

美国之音电台最先向世界报道了这一消息，世界舆论反响很大，中国空间技术"发展神速，在西方专家的预料之外"；"必须把这个成功当做是有能力将洲际导弹发射到地球的任何角落"；"中国成为空间俱乐部的一个新成员"；海外华人称人

"东方红"1号卫星

造卫星是"从东方升起的一轮华夏小月球"。中国成为继苏联、美国、法国、日本后的第5个空间国家。

1957年，人类第一颗人造卫星由苏联成功地发射，美国政府非常恐慌，这个敌对的共产党国家突然之间成为他们空间领域的强敌，另外一个共产党大国——中国也在同时间内作出惊人的成绩。著名科学家赵九章等在一次会议上，向政府提出了研制中国人造卫星的计划，毛泽东对此很感兴趣，在党的八届二中全会上说："我们也要搞人造卫星，并且要抛就抛2万千克的，也许最开始从较轻的抛起，但我们不抛像美国那样只有鸡蛋大的。"为了使卫星早日发射，中国科学院组织了不定期的研讨会，专门研究星际航行问题，会上每个领域精英都显出

自己的神通，裴丽生、赵九章、钱学森、贝时璋等科学家为中国的卫星发展制定了三级跳的宏伟蓝图，第一级跳实现卫星上天，第二级跳是回收型卫星，第三级跳是同步通信卫星。张爱萍将军受命主持中国卫星工程，华夏子孙开始迈着匆匆的步伐去敲击太空的大门。

1965 年 10 月，我国卫星的总体论证出台，用"长征"1号运载火箭发射一颗重 100 千克、直径为 1 米的卫星，决定于 1970 年发射。运载火箭设计院的科学家们开始进行紧张的论证与设计。地球自东向西旋转有着巨大的转动惯量，要借助这个转动惯量使卫星顺利发射。所以选择怎样的发射倾角就成了一个关键问题。科学家们发现，对同一类型的运载火箭来说，卫星轨道倾角较低时比较容易发射成功，而且卫星重量也能够增加许多。我国的卫星轨道倾角最初定为 42°，这个角度能更好地利用地球自转的能量提高卫星的重量，但欧洲、北美的许多国家和地区都不能看到这颗卫星，后来确定把倾角调整到 70° 左右，在这条轨道上，第一级火箭工作完结后坠入甘肃省境内，第二级火箭工作结束后坠入南中国海，第三级火箭和卫星一同在广西西北部上空向轨道进入。这样一来，全世界人类居住的地方都能看到这颗卫星了。

为了保证在 1970 年能够发射卫星，我国科学家们决定把已经获得成功的中远程火箭加以改进，"长征"1号运载火箭的构想随即生成：一枚三级火箭。前两级为液体火箭，第三级为固体火箭，全长 29.46 米，竖起来大约有七八层楼那么高，直径为 2.25 米，起飞重量 81.5 吨。这枚火箭除了三级发动机外，还有控制系统，主要用来控制飞行中箭体的晃动，级间的分离，并调整火箭在高空失重情况下的姿态。飞行测量系统和安全系统用来传输各种飞行的数据，使地面可以准确判断火箭的工作状态，当火箭因故障或偏离轨道时，能够产生自爆或地面控制的引爆，这样可以保证航线上城市的安全。

1969 年 6 月，酒泉发射场开始一次新的发射试验。进入 1小时倒计数准备后，坐在控制台上的操纵员开始对箭体各测试点进行最后的技术状态检查，刚检查到箭体级间分离的爆炸装置时，突然听到外面传来爆炸声，同时有人喊："炸啦，炸啦。"在这个装有 800 吨燃料的大物体旁喊这样的话代表着什么呢？1960 年，一枚苏联火箭带着故障上天，没升上几米就发生了大爆炸，苏联火箭部队司令涅杰林元帅和几十名将校军官被当场炸死。此刻，这位操纵员当即切断了电源，可是，爆炸声仍然未消除，他又飞快地冲出控制室，抬头向上看去，高高挺立的火箭中部正喷着一股浓烟，同时伴随着"叭叭"的爆炸声，于是他就没有犹豫地向上爬去，刚刚爬上 40 多米高，忽听"啪"的一声巨响，舱内炸开，一个金属筒飞速射出，顺着操纵员的耳边掠过；在钢制的发射架上撞出一道很深的痕迹。他顾不得这些，急忙伏下身子，仔细观察，终于找到了发生的故障部位……在这次意外事故中，这名操纵员得到了一套完整的第一手资料，事后向运载火箭设计院提出了自己的改进方案，新奇独特的观点令科学家称赞不已。这名操纵员就是胡世祥。

　　卫星的研制工作正在紧张进行，经过专家们的论证，结合中国国情，确定第一颗卫星的重量不小于 150 千克。这颗被命名为"东方红"1 号的卫星由四部分组成，外表是一球形多边体，内有仪器舱，在重心水平剖面上有 4 根鞭状天线。由于卫星在太空飞行，太阳直射时温度高达 100℃以上。而背阳光飞行时温度又下降到 -100℃以下，星内仪器难以承受如此大的温差，便在"东方红"1 号外壳内表面涂了有机绝热层，仪器舱的外壳也进行了绝热处理，使星内温度符合要求。能源系统是给星上仪器提供能源的，它采用了银锌化学电池，专门为乐音装置、短波遥测等星上设备供电，可使卫星连续工作 20 天以上。《东方红》乐音装置实际上是一个无键盘的电子琴，它的声音悠扬，与钢琴声很相似，当卫星地面站接收到这一信号后，就差转到中波电台发射，这样全世界都能通过收音机听到"东方红"1 号从太空传来的乐曲。另外还有跟踪系统、天线系统以及卫星姿态测量系统等。我国为发射第一颗人造地球卫星，一共生产了 5 颗样星，经层层筛选后有两颗符合设计要求。

1970 年 4 月 1 日，一辆装载着"长征"1 号运载火箭和两颗卫星的专列缓缓开进酒泉卫星发射场地，2 日开始，技术人员对卫星进行测试，以最后确定是哪一颗卫星上天。4 月 19 日，出现了一个让人着急的情况，星内一部和地面联系的超短波信标机功率下降，这将影响到地面的跟踪和卫星定轨。世界其他国家曾出过卫星不能定轨的事故，卫星或像断了线的风筝一样，飘去宇宙深处，或像天上燃烧的陨石一样，直落地面。这时离发射只有 5 天时间了，真是事不凑巧。技术人员每天都爬上几十米高的平台，抢修装在运载火箭顶端的卫星，他们顶着风沙顽强地工作，终于赶在预定发射时间之前解除了故障。

4 月 24 日，天气明媚，大清早，地勤人员就给火箭注入了燃料，紧接着进入 8 小时准备工作程序；下午 3 时 50 分，周总理告诉国防科工委副主任罗舜初，毛泽东已批准了这次发射。但这时地面测试设备却出了毛病，周总理知道后，果断下令延迟半小时发射。过了一会儿，罗舜初向总理报告："故障已解除，一切准备完毕。"晚上 21 时 35 分，卫星顺利升空了，地面测控站传来"跟踪良好，一切正常"的报告，13 分钟后，星箭分离，卫星入轨，15 分钟后，国家广播事业局听到《东方红》乐曲的声音，新华社向世界公布了这一消息。

一周之后，"五一"节的游行队伍里，出现了"东方红"1 号卫星的模型，人们载歌载舞庆祝这个伟大的胜利。

卫星回收的成功

我国第一颗人造地球卫星发射成功一周后，正碰上"五一"国际劳动节，研制卫星的技术人员与首都人民一同欢庆了这个愉快的节日，不过，他们没有在首都停留，顾不上观赏节日夜晚五彩纷扬的焰火，便急匆匆地返回了基地。我们比苏联晚 13 年的事实，逼迫着他们，必须用跳跃的速度去追逐日益发展的尖端技术。

"东方红"1号卫星上天，标志着中国卫星三级跳的第一跳成功了，自此不到一年，从酒泉发射场再次传来佳音，"实践"1号科学实验卫星顺利进入了轨道。

"实践"1号是1971年3月3日发射的，它的外形与"东方红"1号卫星没有太大变化，是一个72面的球形多面体。其中，外壳的28面上都贴着太阳能电池片，每当阳光照射，便产生电流给星内镉镍电池充电，使电源系统的寿命延长。此外，"实践"1号卫星还将试验主动元源温度控制系统和长寿命的遥感设备，以及探测高空磁场、X射线、外热流等太空环境参数，用来增加对外层空间的了解，为以后发射新的航天器作准备。

神州探月

"实践"1号上天后，全国各地的遥测站好几天都没有收到这颗卫星发出的遥测信号，起初，技术人员以为是电离层引起的，直到第二天中午，遥测站才收到微弱的信号波。这件事惊动了周总理，他每天打电话询问卫星的情况，万一卫星失控坠落到别国领土，可就麻烦大了。五六天过去了，北京、山东的地面站接收到的信号只有设计时的1%，到了第8天（3月11日），全国各地面站终于都收到了清晰的遥测信号，事后分析，很可能是最后一级火箭直到第8天才与卫星分离，引起了这场有惊无险的风波。周总理很高兴，下令在巴黎公社成立100周年前夕发布我国第一颗科学实验卫星发射成功的新闻公报。后来，这颗卫星在天上运行了8年，比原先设计寿命整整提高了7年，为以后返回式卫星的研制积累了大量数据。

让卫星在指定地点返回是一件很难的事，让我们看看卫星返回的过程。卫星在预定轨道上飞行，收到地面的返回指令后，首先要自行调整当时的姿态，卫星上一枚小型固体火箭点火，将箭头部由原来的飞行方向转到朝下稍向前倾的姿态。当卫星上的回收舱与仪器舱分离后，接着一个起旋发动机点火，使回收舱围绕其纵轴旋转，这是为了保持回收舱运动状态的稳定。一个旋转的物体，拥有保持方向不变的运动特性，而且转速越高，定向性便越好。所以，一些卫星在空中运行时不断通过自旋来稳定自己的运动方向和姿态。这时，回收舱仍旧沿着以前的轨道运行，等到地面再发指令，一枚制动火箭启动，火箭的推力使回收舱向飞回地球的轨道飞行，进入大气层时，消旋发动机启动，使高速自旋的回收舱速度变小，在距离地面16千米的高空，4顶降落伞依次打开，最后以14米/秒的速度着陆。这一系列的过程每一步都要保持精确无误，如返回速度方向误差1°，落点航程就会偏300千米左右，卫星就有可能落到别国领土上去。1978年1月2日，苏联核动力卫星"宇宙945号"坠落在加拿大西北地区，加拿大政府出面，要求苏联赔偿搜寻费用，经过两年多的协商，苏联赔偿了费用的一半。所以，准确可靠是回收型卫星的关键，落到别国领土不但会造成秘密泄露，而且还会惹来很多外交上的麻烦。我国选择了和美国不同的回收区域；美国一般在海上回收，我国将四川省南鄢的一个地区确定为回收区域，这样做的好处在于卫星返回前的最后一圈可飞过我国上空，能预先测量卫星运行的轨迹，这样就没必要像美国那样在海外建立庞大的地面站了。

　　我国第一颗返回式卫星上的长春光学机械研究所研制的地物相机和星空相机是主角。地物相机承担在预定轨道上地物的摄影任务，也就是侦察摄影；星空相机是用来对星空摄影的，卫星在运行中姿态的变化要由一个参照物来校正，星空图是最好的参照系，把星空相机在这时摄下的星空图和下一个时刻摄下的进行比较，就可以调整卫星的姿态误差。

　　1975年11月15日，"长征"2号运载火箭和返回式卫星被运到酒泉卫星发射场，11月26日发射升空。发射返回式卫星在我国还是第一次，结果究竟怎样还不知道，全国各地测控站都紧张地注视着它。

　　按计划，这颗卫星运行第三天绕地球40多圈时地面才发出回收指令，这短短的3天对测控人员来说比3年还要长，卫星在天上的各种姿态，执行的任何任务都被他们控制，发射卫星只有几分钟，但测控却是日日夜夜进行的，所以这个工程中最难的就是测控。测控中心的要害部门是轨道室，它必须准确地测出卫星的轨道数据，同时要不停地指示它修正，它的计算结果都是精确到小数点后面的天文数字，所有空间国家都可以随意地将卫星、飞船模型拿出来供人参观，但测控中心的设备和技术资料都属于超级机密。外国人也同样关心我国设在西安的测控中心，几年前，一个美国空间技术官员领着 4 个工程师参观西安的测控中心后，对中国陪同的官员介绍说："这 4 位是美国中央情报局的前雇员。"我方人员大吃一惊，这 4 位工程师亮出证件之后，自然地一笑，他们原来以为以惊人速度发展航天技术的中国，它的测控中心一定有他们感兴趣的东西，现在看来却不是如此，果然那位美国官员问："中国就是靠这种被淘汰的 60 年代的计算机来测控卫星？"在那时，中国的第一颗返回式卫星就是用 60 年代的计算机测控出来的，结果准确无误。

1975 年 11 月 26 日，第一颗返回式卫星开始飞行，测控中心一条条指令不断地发向几百千米高空的卫星，要求在指定区域打开相机拍照，并将胶片放在回收舱的暗盒里。突然，卫星上传来一个把大家惊呆的数据：卫星内的气压波动。这表明卫星上可能出现故障，而一旦出现故障，测控中心就很难将卫星回收到指定地点了。空军用专机立刻将钱学森等专家接到测控中心，他们心急火燎，这颗返回式卫星是侦察型卫星，不但要拍摄欧美的许多地区，而且低轨运行离地球很近，说不定就会掉下来，不及时采取措施后果会很严重。这时，钱学森擦掉前额的汗水说："叫祁思禹来！"祁思禹是测控中心型基轨道计算组组长，他急忙

"长征" 2 号运载火箭

赶来，紧张地望着这位科学界的泰斗，钱学森也审视着这个即将为他做出决策的人。他绕了一个小弯，缓和了眼前的气氛，自然地谈起了一则旧闻："14年前，美国范登堡空军基地发射一枚'发现者号'卫星上天，这是为中央情报局提供照相服务的侦察卫星，但回收却没能成功，以后3年中反复做了38次回收试验失败了12次，苏联回收卫星的失败更是数不胜数。我想，上帝不能老是偏爱我们吧！"这番自然的谈话缓和了紧张的气氛后。钱学森直接发问："告诉我，这颗卫星能维持多久，北京的张爱萍将军正等着回答，有人主张今天就回收。"祁思禹胸有成竹地说，"这是由于卫星在调头，调整姿态制动火箭时出现的现象。我们可以发指令让它的气压稳定，计算的结果表明它可以维持到第三天。"

　　卫星运行到第三天，就在卫星绕地球最后一圈地面准备回收时，测控站的主副两台计算机同时下达了一对相反的指令，一个准备向卫星发出时间音叉指令，一个则要切断这条指令。这条指令是在回收舱返回大气层时，指挥依次打开主副降落伞的，如果有一点拖延，回收就可能导致失败，苏联宇航员科马洛夫驾驶的太空船重返地球时，因为没能及时打开降落伞，所以直接给摔死了。眼前的分分秒秒都决定这次回收卫星的命运，紧急时刻，地面发出了一条新的时间音叉指令，不一会儿，四川南部上空出现了红白黄3顶降落伞，卫星回收舱慢慢落下，回收舱上不断发出无线电标位信号，地面5台超短波定向车和4架装有定向罗盘的直升机早快速在回收区域搜索。回收舱准确地降落在指定区域，我国卫星三级跳的第二跳成功完成。

中国运载火箭工业发展历程

　　20世纪50年代中期，由于国防建设的需要，党中央、国务院决定发展我国的导弹事业，一方面以国防科研、工业机构为主，重点发展弹道式地地导弹，用来建立我国独立的战略核反击力量，同时为发展运载火箭技术打下物质技术基础。另一方面，以中国科学院为主，首先研制探空火箭开路，开展高空探测活动，同时开展有关单项技术的研究测量、试验设备的人造地球卫星研制，为发展我国航天器技术和地面测控技术作了准备。等到 20 世纪 60 年代中期，我国第一颗人造卫星和它运载火箭研制工作的全面开展，于是这两条战线的工作开始结合起来，整个航天工程体系集中到国防科研、工业部门，在国家的统一规划和指挥下，航天技术以更大的规模和速度开始向前发展。

1956 年 10 月 8 日，我国第一个导弹研究机构——国防部第五研究院（简称国防部五院，钱学森任院长），正式成立。这是我国导弹、航天事业的历史性纪念日。在它召开的成立大会上，聂荣臻对我国导弹研究院的诞生表示热烈祝贺。他鼓励大家要用自力更生、奋发图强的精神，研究学习，毕生致力于我国的导弹事业。

国防部五院成立之后，我国导弹、火箭技术该选择一条怎样的发展道路？是一切都靠自己慢慢摸索前进，还是一切依赖外国的援助？聂荣臻（时任副总理）召集航空工业委员会的领导人反复研究，最终认为我们应该把立足点放在依靠自己的力量上，在坚持自力更生的同时，最大限度地争取可能的国际援助。为此，聂荣臻在向中央的报告中指出：我国导弹的研究，采取"自力更生为主，同时极力争取外援和利用资本主义国家已有的科学成果"的方针。1956 年 10 月 17 日，毛泽东、周恩来同意了这个方针。这就是国防部五院的建院方针。在这个方针的指引下，我国导弹、航天事业此后的 30 年中战胜了重重困难，不断发展壮大，走出了一条与我国国情相适合的发展道路。

由于导弹研究工作的需要，1957 年 11 月，国防部五院在原来 10 个研究室的基础上，分别成立了两个分院，承担导弹总体、发动机和控制导引系统的研究工作；1958 年 2 月，通信兵部所属的电子科学研究院被划归国防部五院。同时，国务院总理周恩来任命钱学森为国防部五院院长，刘有光为政治委员，王铮为副院长。这样一来国防部五院的组织机构大大地被充实、加强，科学技术队伍相对扩大，为迎接苏联援助的到来，做了组织准备。

1958 年，我国在苏联专家的帮助下，一方面开始进行导弹研制基地和发射场的建设，另一方面开始仿制苏联 P—2 近程地地导弹（工程代号为"1059"）和几种战术导弹。这种仿制工作的展开，使我国掌握导弹、火箭技术的步伐大大地加快了。

但是，从 1959 年开始，苏联在执行"十月十五日协定"方面的态度有了变化。1960 年，在我国仿制 P—2 导弹的工作进入最后阶段的时刻，赫鲁晓夫下令撤走苏联全部专家。8 月 12 日，国防部五院工作的苏联专家全部撤退回国。因为苏联突然断绝援助，我们的导弹仿制工作出现了一定困难。

这时，聂荣臻指示国防部五院：必须要争口气，依靠我们自己的专家，自力更生，一定要立足国内。仿制 P—2 导弹坚决不能动摇，不管怎样要搞出来。

1960 年 9 月，为了全面考核我国第一个导弹发射试验场的各项工程设备，我国在自己的国土上，第一次用国产燃料，成功地发射了苏制 P—2 导弹，为下一步发射我国仿制的导弹创造了条件。接着，为国产 P—2 导弹的首次飞行试验，组织成立了以张爱萍为主任，孙继先、钱学森、王净为副主任的试验委员会。1960 年 11 月 5 日，我国第一枚近程导弹发射成功。聂荣臻亲临发射试验场，指挥了这次试验，他在发射试验场上举行的庆祝宴会中说：在祖国的地平线上，飞起了我国自己制造的第一枚导弹，这是我国军事装备史上的一个重要转折点。同年 12 月，我国成功地进行了两次国产 P—2 导弹的发射试验。

仿制 P—2 导弹的成功，意味着我国在掌握导弹技术方面迈出了惊人的第一步。自此，中国有了自己的近程导弹。

1964 年 6 月 29 日，我国第一个自行设计的中近程火箭，进行发射试验，再次获得了成功，掀开了我国导弹、火箭发展史上新的一页。接着，7 月至 10 月间，我国又先后多次成功地进行了这个型号的发射试验。

在中近程火箭的研制中，我国火箭研制队伍得到很大的锻炼，初步摸索出了自行设计的规律，掌握了火箭从提出任务、总体设计、工程研制，直到飞行试验的主要程序、工作内容和方法，在为后来研制新型火箭奠定了基础的同时也大大增强了独立发展我国火箭技术的信心和勇气。

20世纪60年代前期的工作，使我国在独立研制导弹、火箭的道路上，前进了一大步。液体火箭的自行设计，走完了一个型号的全过程；适应第一代火箭研制的物质条件也建设起来；形成与火箭技术配套的全国协作网；组织大规模火箭系统工程研制的领导和管理经验不断提高。可以说，创建我国导弹、火箭事业最困难的时期已成为过去，加速发展的美好前景就出现在眼前。

20世纪60年代前期三年国民经济的调整后，1964年，我国社会主义建设重新进入了一个发展时期。在这一年里，我国尖端技术事业有了重大突破。6月，我国自行设计的第一枚中近程火箭成功地发射了；10月，我国第一颗原子弹成功地爆炸了。社会主义建设的新高潮，加速了我国导弹、火箭事业的发展，为它创造了极为有利的条件。同时，根据我国所处的国际环境和对战争危险的实际情况，国家对导弹、火箭技术的发展也提出了更高的要求。

在新形势下，国防部五院面临的新任务是，重点发展战略火箭的同时要相应发展多种战术导弹；不仅要继续改进、完善中近程火箭，还要研制具有更大战略意义的中程、中远程和洲际火箭；不仅要重点发展液体火箭技术，还要尽快掌握固体火箭技术。

1964年我国研制成功了中近程火箭，为了改进和提高它的性能，1965年初，对该型号提出了设计修改的方案，主要是增加推进剂重量，提高火箭射程，并将控制系统改成全惯性制导。这项改型工作，在前期的预研基础，只用了10个月的时间便完成。1966年6月30日，周恩来亲自到火箭发射场视察，详细询问了发射场的建设情况和指战员的生活情况，并兴高采烈地观看了改型的中近程火箭的发射试验。

洲际运载火箭飞向南太平洋

1980年5月9日，新华社向世界宣布，中华人民共和国将在1980年5月12日至6月10日从中国本土向南太平洋南纬7°1′、东经171°33′为中心，半径70海里的圆形海域进行作业，为了保证过往船只和飞机的安全，中国政府要求有关国家政府通知本国船只和飞机，在试验期间尽量不要在上述海域和空域内穿行。

我国将向南太平洋发射洲际运载火箭，打破了美苏两国对洲际导弹的垄断，使世界各国对中国有了新的认识。

第二次世界大战后洲际导弹、远程运载火箭是苏美两国激烈竞争的领域。人们将卫星和飞船送入太空的火箭称为运载火箭，将携带弹头的运载火箭称为洲际导弹，事实上两者是一致的，只是弹头不同而已。远程运载火箭航程大约在8000千米以上，中程运载火箭航程在6000～8000千米之间，近程运载火箭射程大约在1000千米之内。世界上第一枚远程运载火箭是由苏联1957年8月发射的，此后发展很快，其中著名的有苏联的东方号、联盟号、质子号，美国的大力神、土星等，这些多用于发射人造卫星和宇宙飞船。将这些火箭配上弹头，就能用作常规性的进攻武器。美苏两国将洲际导弹对准了彼此的许多战略要地，人类的和平受到威胁，我国也同样受到美苏两国战略导弹的威胁。20世纪50年代末期，为了加强国防实力，抵制帝国主义入侵，在物质基础尚不雄厚的时候，我国毅然决定发展火箭工业。

1985年，作为发展洲际运载火箭的前奏，为了解决多级火箭的技术问题，我国技术人员决定先搞二级试验火箭。在广大技术人员的努力下，中远程火箭很快就发射成功了，从1971年底开始转向远程运载火箭的研究、试验工作。

运载火箭分为动力装置、控制装置和箭体结构三部分。动力装置就是三级发动机，控制系统是火箭的中枢神经，包括制

"远望"1号测量船

导系统、姿态稳定系统以及电源系统等，能使火箭在保持一定姿态的同时，根据预定航线飞行；箭体结构主要由箭头整流罩、仪器舱、推进剂贮箱和尾翼组成。进行发射运载火箭试验时，所作的大量工作都是围绕数据回收舱进行的，它放在运载火箭的头部，外壳被一层整流罩罩住，呈流线型，光滑的外壳质轻而坚固，由镁合金、铝合金、钛合金以及复合材料制成。

1980 年 4 月底，庞大的中国远洋船队在波涛汹涌的太平洋上出现，其中的"远望"1 号跟踪测量船在海军舰只护航下，看上去格外威武雄壮，非常引人注目。它集中了当代科技的最新成果，船舷边的各种奇形怪状的天线，像一个密密麻麻的蜘蛛网，随时捕捉来自太空的微弱信号，雷达天线不停地旋转着，通信天线高高耸立在桅杆上，通过它可以和万里之外的北京测控中心保持联系，船上有卫星导航系统，还有对卫星测量控制的测控中心。

人们大概会问，为什么要在波涛汹涌的洋面上跟踪测量运载火箭呢？远程运载火箭射程在 8000 千米以上，即使苏联也不能做到这么长的航程在本土上作全程试验，所以只能把航线延伸到占地球面积 70%的海洋上，这样一来，全航程试验在海上要延伸很长的一段，只有在海洋上测量、跟踪才可以精确地得出弹道，确定回收舱具体的位置。由于岛屿上建跟踪测量站的条件不充分，又缺乏机动性，所以人们就想到了建造海上跟踪测量船，它能自由停泊，驶向任何一个海域，还能作水文、海洋气象分析、预测，并且完成数据回收舱的任务。我国选择南太平洋作为试验海域，是因为那里的水文、气象条件比较符合试验要求，另外还因为那片海域是公海，不属于任何国家和地区。

神州探月

我国测量船编队在南太平洋做了许多的工作，掌握了丰富的气象资料，"向阳红" 10 号考察船上一个抛物面天线不分白天黑夜地接收气象卫星云图，以让气象科学家准确预报这一带海域的气象。气象情况的好坏直接影响到运载火箭的飞行，风速大了，对弹道会有影响；云层厚了，则不方便观测、跟踪。对雷电的预测尤其要准确，因为雷击能使宇宙飞船发生危险，1969 年 11 月 19 日，美国发射"阿波罗" 12 号飞船时，小雨下个不停，后来空军气象中心预报说，中午时发射场上空 32 千米内没有闪电，于是 11 点 22 分运载火箭带着飞船起飞了，36 秒钟后升高到了 2000 米，但发射台突然被两道闪电击中了，飞行控制中心的遥测信号全都消失了，高空的闪电给飞船电源造成故障，到 4200 米时宇航员告急说一台仪器失控，幸亏上面自动切换装置启动了备用仪器才化险为夷。所以，对选择什么时机发射运载火箭我国作了周密的准备，国防部长张爱萍亲自主持了发射方案的审定。最后得出的结论是：在火箭发射的前一天，发射场上空出现连续的碧空，南太平洋的试验海域气象、水文条件都符合要求，于是 1980 年 5 月 18 日上午 10 时成为一个历史性时刻。在南太平洋的中国测量船编队迅速进入了试验海域，海军驱逐舰徘徊在半径为 70 海里的区域警戒，"远望号"船上的所有跟踪仪器调到了最佳状态，等候这个时刻的到来。

和南太平洋相对的酒泉发射场，5 月 18 日清晨，西北的天空还有星光闪烁时，人们已经紧张地忙碌起来。发射台上灯火通明，高 40 多米的脐带塔环抱着白色的运载火箭，火箭燃料罐被穿着防护服的技术人员注满了燃料。各种仪器和工业电视在地下 10 多米深的控制室里，监视着发射塔上的所有情况，一台巨大的电子显示屏幕有一条这次运载火箭的理论弹道。让我们了解一下这个弹道：火箭点火升空后，从第一级火箭到第三级火箭推动下飞行的轨道叫做主动段，第三级火箭熄火后的运动段叫做被动段。主动段内，火箭垂直起飞，然后转弯飞行，最后发动机关机熄火。被动段由自由飞行段和再入段两部分组成，自由段内火箭依靠惯性飞到最高点然后自由落体，接着火箭重返大气层，这以后的运动段称为再入段。主动段的飞行只占运载火箭飞行很短的一部分时间，第三级火箭脱离时，火箭速度可达 7 千米/秒，弹头能够取得极大的动能和势能。我国运载火箭全程试验弹道的最高点为 1000 千米，弹着点误差在 500 米之内。

1980 年 5 月 18 日上午 10 时整，远程运载火箭起飞，尾部有一条红色的巨龙，直指蔚蓝色的天空，接着变成一个小白点，消失在缥缈的云彩之中。这条航线上的跟踪测量站都在紧张地收搜这个高空目标，然后把轨道数据发到测控中心。在遥远的南太平洋海域，人们看到高空一个白亮点一闪，接着是一道白色的烟雾，一声巨响后，数据回收舱从火箭底部弹出，降落伞依次展开，缓缓下落。数据回收舱在试

张爱萍

验中很关键，火箭在空中飞行的运动数据都记录在舱内的仪器里，它是衡量运载火箭能不能达到设计指标的重要数据，如果设计和制造中有问题出现，数据舱都会真实地反映出来，掌握这些数据可以纠正在设计中出现的偏差和生产上的失误。为了配合地面跟踪，在火箭头部舱内设有一无线电标位信号源，降落伞打开后，回收舱不断发出无线电标位信号，下落速度在 20～30 米/秒，早已等候在附近的航测直升机追寻这个信号快速向目标飞去。数据回收舱慢慢降落在海里，放出染色剂，打捞直升机放下两个蛙人，只用 14 分钟时间就可完成打捞任务。

在测控中心的指挥厅里，人们看到实际轨道准确地和那条浅绿色的理论轨道重合，由此看来，我国的远程运载火箭发射试验获得了圆满成功。

第三章 中国走上探月之路的历史回顾

探月构想的由来

茫茫宇宙，浩瀚太空，有着人类的无限向往。自古以来，人类从来没有停止过探索月球与星空，以及探索未知世界的脚步。华夏民族一直对奔月充满了向往，嫦娥奔月的美丽传说，一直激励着一代又一代人为冲出地球、走向太空不断地奋斗。但是要将飞天和奔月的梦想变成现实，又谈何容易！

中国空间科技事业在 20 世纪 50 年代起步，起跑线是研制地球卫星和运载火箭，这也是中国月球探测事业的基础。

1955 年 6 月，在周恩来的亲自过问下，从事喷气技术与火箭技术研究的钱学森博士，毅然从美国回到中国。8 个月后，钱学森向国务院递交了《关于建立我国国防航空工业的意见书》。这份意见书，实际上是关于我国发展航天技术的建议书，其中对中国火箭和导弹技术的发展，提出了重要的实施方案。1956 年，国务院、中央军委根据这份建议书，成立了导弹、航空科学研究领导机构——航空工业委员会。同年，钱学森受命组建我国第一个火箭和导弹技术研究院——国防部第五研究院，并担任首任院长。

1957 年 10 月 4 日和 11 月 3 日，苏联连续发射两颗卫星，同时把一只叫"莱依卡"的小狗送上了天。美国也在 1958 年 1 月 31 日把第一颗卫星送上了天。霎时，太空成了世界各国关注的焦点。

1958 年 5 月 17 日，中共八大第二次会议在武昌召开，毛泽东说："苏联去年把卫星抛上了天，美国在几个月前也把卫星抛上了天。那么，我们怎么办？"稍作停顿后，他大手一挥，坚定地作出决断："我们也要搞人造卫星！"毛主席作出"我们也要搞人造卫星"的决策后，我国运载火箭和人造卫星的研制工作便紧张地开展起来。按照毛主席和中共中央的指示，主管国防科技工作的国务院副总理聂荣臻，随即主持召开会议，讨论研制人造卫星的实施方案，并让张劲夫、王诤等具体筹办这项工作。随后，中国科学院又成立了由钱学森、裴丽生、赵九章负责具体的组织和规划工作的星际航行委员会。

经过几年的艰苦努力，中国在研制、发射探空火箭方面取得显著进展的同时，在开展空间科学技术单项课题和试验设备研制方面，也攻克了一系列技术难关，取得了显著成效。

1970 年 4 月 24 日，我国用自行研制的长征一号火箭，成功发射了中国第一颗人造地球卫星——"东方红"1 号卫星。这次发射，开创了中国航天历史的新时代，继苏、美、法、日之后，中国成为世界上第五个独立研制并发射人造地球卫星的国家。

中国发射第一颗人造地球卫星之时，正是美苏太空竞逐的非常时期，苏联和美国先后向月球发射了一系列探测器，美国航天员也在 1969 年首次登上了月球。在月球探测相继进入高潮的国际背景下，我国航天界和科学界也在探讨要不要搞载人航天，要不要搞月球和深空探测的问题。

当时，我国是一个经济还不富裕的发展中国家，中央政府认为没有能力，也没有必要花费巨资到载人航天和月球探测上去；目前工作的重点，还是解决老百姓的生计问题；发展航天高技术，造福人民，需要用很长一段时间来完成。后来周恩来提出，我们头脑不要发热，"先把地球上的事办好"。不与苏美搞太空竞赛，要搞国家建设急需的应用卫星。

从"先把地球上的事办好"这一思想出发，中国依据自己的国情，坚持有所为有所不为的方针，把力量集中在解决国民经济和社会发展面临的热点、难点问题上，把工作重点放在了

神州探月

发展通信卫星、气象卫星等应用卫星的研制上，加快了振兴经济、造福人民的步伐。

"人攀明月不可得，月行却与人相随。"1000 多年前，诗仙李白用这句诗表达了不能登月的遗憾。在经济实力不发达，航天技术还很落后的 20 世纪 60 年代，我国还不能派出自己的"探月使者"到月球上，独立自主地开展月球探测活动，为我国科学家提供第一手的月球研究资料。

开展载人航天和月球探测的想法被搁置了，但是，站在科技前沿的科学家们并没有停下来，月球科学研究和探月技术准备工作也一直在进行着。

从 1962 年，我国科学家就开始跟踪苏联的"月球"号探测器，美国的"徘徊者"号、"勘测者"号、月球轨道器和阿波罗载人登月计划，对月球空间环境、月表形貌、矿物类型、地层划分、火山与岩浆活动、大地构造、撞击坑的分布与年龄、月球与地月系统的起源与演化历史等领域的分析研究进行了开展，并且编写

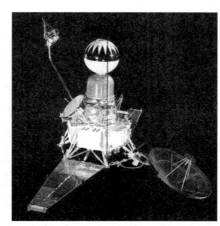

美"徘徊者"号探测器

了《月质学研究进展》、《天体化学》等专著。到 2007 年成功发射"嫦娥"1 号绕月卫星时，我国科学家已对月球进行了约 45 年的跟踪研究探测。

在跟踪国外月球探测活动的过程中，我国科学家还与美国、英国、德国、俄罗斯、日本等国家有着不同程度的合作，并且形成了一批年龄和知识结构合理的月球科学基础研究队伍。现在我国开展月球探测的研究基础，都是在那时积累下来的。

1 克月岩的故事

1978 年 5 月 28 日，美国总统安全事务顾问布热津斯基在对中国进行访问时，给华国锋（时任国家主席）赠送了一件特殊礼品——一块指尖大小的月球岩石样品。由阿波罗载人登月取回的月岩样品，被镶在一个像凸透镜的有机玻璃盒内。这块月岩在外面看起来很大，但质量仅有 1 克。除了这块月岩，布热津斯基还转交了一面美国航天员带上月球的很小尺寸的中国国旗。

美国航天员已经到月球上去过 6 次，共带回了 6 批共 382 千克月岩和月壤样品。这块石头采自月球上的什么地方？包含着什么样的信息？谁能读懂它？收到月岩样品后，华国锋交给科研部门，要求对此进行相关研究。我国研究天体岩石的科研人员在当时还很少，有关部门想到了远在贵阳的中国科学院地球化学研究所，于是由天体化学与地球化学专家欧阳自远主持会议研究了这 1 克月岩。

欧阳自远是我国著名的天体化学与地球化学专家，中国科学院院士，是国内天体化学领域的开创者。曾负责国内地下核子试验选场与综合效应研究，系统开展过各类地外物质、月球科学、比较行星学和天体化学研究。在后来的探月工程论证过程中，他积极参与并指导了制订中国月球探测短期目标与长远规划的工作。我国绕月探测工程成立后，欧阳自远被任命为绕月探测工程月球应用科学首席科学家。

很快月岩样品从北京送到了贵阳。拿到样品后，欧阳自远请来了全国近百名各方面的研究专家，同时制订了详细的研究方案计划。

欧阳自远认为来自月球的石头，应该让更多的人亲眼看到，所以他只取了一半作研究，另一半则送到了北京天文馆，让国内公众观赏。"1 克月岩样品虽然很少，但对于作研究已经足够。我当时把样品小心切成了两块，一块用来研究，另一块保存了起来，"欧阳自远回忆说。至今，在北京新落成的天文馆里，人们还能看到当年保存下来的另外半克月岩。

因月岩样品大小非常有限，欧阳自远和专家们一起，先对月岩作了非破坏性测试与分析，最后才做破坏性的测试与分析，对月岩矿物成分、结构构造、化学成分、微量元素、物理性质、产出环境和形成条件等分别进行了测定。当时只要能作的测试，他们都做了。

令欧阳自远感到欣喜的是，对这 0.5 克月岩样品进行研究后，中国学者发表了 14 篇与此有关的研究文章，并推断出这是由阿波罗 17 号飞船采集回来的样品。根据美国公布的数据，他们还确定了这块月岩采自月球的位置，光照条件是向阳还是背阴。

"美国人赠送月岩样品，实际上也是在考察我们的测试能力与研究水平。虽然这话没有明说，但我们的研究结果让美国人很信服。"欧阳自远说。

对这 0.5 克月岩样品的研究成果，让世界认识到了当时中国月球科学研究的能力和水平，进一步了解了中国的月球科学研究机构和团队。

在跟踪国外月球探测活动的初期研究过程中，欧阳自远等一些科学家曾想过建议国家有关部门制造和发射月球探测器，但他们考虑后，觉得我国当时的国情国力、经济实力和航天科技水平，还远远达不到开展月球探测的能力和时机。欧阳自远作

月球岩石

为一个务实、理性的科学家，直到 1992 年，才提出关于开展月球探测的建议。欧阳自远直言："那段日子很困难。我们只能靠收集和研究别人公开的资料来研究，而那些核心数据却根本拿不到。"

欧阳自远等专家对这 0.5 克月球岩石的研究，成为我国今天开展探月工程的坚实基础。曾经那块质量仅 1 克的月岩，为中国探月工程埋下了火种。

中国探月事业的展开

美苏太空竞赛在 20 世纪六七十年代，引发了第一次探月高潮，促进了一连串航天科学技术的新发展，带动了许多新技术的创新与推广应用，让人类对月球、地球和太阳系的认识大大提高了，月球探测取得了跨时代的成就。但是在 1976 至 1994 年之间，除日本在 1990 年 1 月发射了 "飞天" 号探测器外，其他国家基本没有对月球进行探测活动，月球探测进入了一个持续安静的时期。

月球探测骤然降温，主要原因是美苏太空竞赛的中途缓解，成本太高的探月活动，引起很多人的犹疑。各国都要总结过去探月活动的经验与教训，研究新的月球探测思路和战略。已经拿到手的月球探测资料，也必须进行全面、系统的分析研究，才能把月球科学研究提到更高的阶段。

通过认真分析和总结，很多国家认识到，探月是一项非常复杂的航天工程，它与政治、经济、科学、技术、军事等都联系的非常密切，对月球进行探测，对人类社会的发展有着很大的推动作用。

1989 年 7 月 20 日，美国第 51 届总统布什在纪念阿波罗 11 号登月 20 周年的集会上，倡议重返月球，在国际上有了很大的反响。随后欧洲空间局和日本也宣布了以月球、火星探测为主要内容的深空探测计划。布什总统的这次讲话，成为月球探测新高潮起点之一。

日本于 1990 年 1 月成功发射飞天号月球探测器，成为世界上第三个发射月球探测器的国家。这是国际上在阿波罗计划之后的将近 20 年时间里，发射的第一颗月球探测器。我国国家科委主任宋健对这件事非常关注，立即打电话给中国空间技术研究院院长闵桂荣，询问能否可以组织一下探月的论证工作。

中国空间技术研究院接到这个任务后，安排相关人员立即进行研究论证。不久，航空航天部也召开了探月专题讨论会，对探月的可行性从技术上探讨。中国空间技术研究院在1991年起草了一份关于研发中国第一个月球探测器的报告。这是有记载的我国最早的一份比较正式的探月报告。

1985年10月，我国长征火箭开始投入国际商业卫星发射服务市场。发射地球同步轨道通信卫星的运载火箭是当时国际市场上最为活跃，需求量最大的。当时我国只有"长征"3号运载火箭能够发射这种卫星。"长征"3号运载火箭的地球同步转移轨道（GTO）运载能力，最大只有1.5吨，在国际市场上竞争力很低。要想占领国际商业发射市场，只有开发运载能力更大、能更好、适应性更强的运载火箭。

航天工业部在1986年2月28日，向国务院上报了《关于加速发展航天技术的报告》，提出研制"长征"3号甲运载火箭、"东方红"3号通信卫星、"风云"2号气象卫星和"资源"1号探测卫星。1986年3月31日，国务院批准了这一报告，同意航天工业部提出的"一箭三星"规划，并正式命名为"862"工程，加速发展了我国的卫星通信事业，这个工程的主要任务，是研制"东方红"3号通信卫星。"东方红"3号通信卫星当时是我国的第二代通信卫星，它的质量约2.2吨，"长征"3号甲火箭是同该卫星配套研制的运载火箭。

20世纪90年代，我国通信卫星事业处于低谷的阶段，几年前发射的"东方红"2号卫星的寿命早已到期，太空中已经没有国产转发器可以投入使用。当时在用的运载火箭，没有能力发

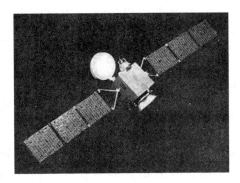

"东方红"3号卫星

射高轨道重型通信卫星，国家广播电视和通信事业遇到了很大的困难。国家在这种形势下，要求中国运载火箭技术研究院提升"长征"3号甲运载火箭的研制速度，为发射"东方红"3号通信卫星提供运载工具。我国在这样的国内国际背景下开始了"长征"3号甲火箭的研制。

第一枚"长征"3号甲运载火箭的试验性发射，不能直接发射通信卫星，但是也不能发一枚空火箭，那么究竟发射什么卫星呢？中国运载火箭技术研究院于1991年提出研制一颗模拟星。模拟星没有通信卫星的具体功能，可是质量、接口都同"东方红"3号通信卫星没有大的差别。

在论证这一方案时，技术人员发现月球探测器飞向月球的最低速度必须是10.6千米/秒，而"长征"3号甲运载火箭进入地球同步转移轨道的速度，早已达到了10.2千米/秒。只要再提升一点速度，就可以发射一颗月球探测器，使探测器飞向月球。

神州探月

技术人员提出，首枚"长征"3号甲火箭试验发射时，可以同时发射一个金属物体到月球上，这个物体被中国国旗，命名"探月"1号。"探月"1号到达月面，就在月面上贴了中国标签，就永远地将其"印"在月球上，这是多么令人自豪的事！

同时技术人员找到了中国空间技术研究院、北京航空航天大学、西北工业大学、南京航空航天大学的专家，与他们一起探讨该方案的可行性。当时的方案是，用"长征"3号甲火箭，把质量约1.4吨的探月1号直接送入距月球3000～5000千米的近月轨道，再借助月球引力，让"探月"1号击中月球。只要对"长征"3号甲火箭适应性做一些改进，它的飞行速度和运载能力，就能够满足发射月球探测器的要求。

在论证方案过程中，有人认为，即使发射月球探测器的技术方案做出来了，飞行轨道精度也达标了，可是发射一个金属物到月球上去有何意义呢？这个问题让当时的探月热情迅速降温。工程技术人员在当时确实没有深入考虑发射物体到月球上去干什么，也没有以后的月球探测计划，想着只是不让试验性发射的"长征"3号甲火箭空载飞行。

"实践"4号卫星

后来，这个计划因种种原因没被国家批准，但使许多有识之士开始意识到，中国在科学技术上已经能够开展月球探测活动，并可以在这一领域有所发展。

1994年2月8日，"长征"3号甲运载火箭攻克了氢氧发动机、四轴惯性平台、氢能源伺服机构、冷氦增压系统等四大关键技术，第一次飞行试验取得完满成功，将"实践"4号科学探测卫星和"夸父"1号模拟卫星送入预先指定的地球轨道。11月30日，"长征"3号甲运载火箭第二次发射，"东方红"3号通信卫星被准确送入预定的地球同步转移轨道。"长征"3号甲运载火箭在一年之内，取得发射双捷的好成绩，这在我国当时航天发射历史中是很少见的。但是，"长征"3号甲运载火箭却最终与月球"擦肩而过"。当年执笔《"长征"3号甲运载火箭首发飞行试验飞向月球方案》的余梦伦院士，在相隔十几年后想起往事，仍有很多遗憾。

载人航天工程开始后的1995年，又来临了一次机会。在"长征"2号E捆绑式火箭（简称长二捆）的基础上改进而成的发射神舟飞船的"长征"2号F运载火箭。当时"长征"2号F火箭研制、生产的速度都很快，1997年左右，火箭便可以开始一次试验性发射。1997年香港回归，这枚试验火箭在发射时，能否搭载一颗月球探测器？航天人没有冷却的探月梦想被再次激发，并燃烧起新的火焰。

火箭研制人员当时提出，"长征"2号F运载火箭试飞时，可以往月球上发送一个有简单功能的月球探测器，同时提出了一个简单的月球探测方案。这个探月计划和我国后来开展的月球探测计划一样，被称作"嫦娥工程"。想到第一次发射月球探测器经验很少，工程技术人员提出比较保守的探测目标：确保硬着陆，力争软着陆。设想中的月球探测器质量为77431克，月面着陆质量1500千克；在飞抵月球的同时，向地球反馈月球彩色图像与探测结果；为了留下永久的中国标记，在月面上放置激光反射器；在月面上工作必须超过3小时，传回月面图像和测量数据。

这个有着政治热情的探月计划，在科学界引起了非常大的争议。该方案最终得到了一批学者的支持，于是迅速便形成文字，向中央打了申请报告。但是该计划后来也没能实施。

一个长达10年的论证

工程技术人员接连两次提出的探月方案为什么都没有得到国家批准呢？一方面国家的航天技术基础和经济基础，当时还没有像今天这样稳定。另外一个重要原因是，当时国内对月球探测没有提出一个完整的发展规划，探月活动缺少长期和有深度的科学探测目标，没有明显的月球探测活动价值。

完成一项重大的科学工程，必须要有执著追求的精神，还要有长远的规划和明确的目标。后来，已任全国政协副主席、中国工程院院长的宋健同志，给早已成为中科院院士、仍然从事月球科学研究的欧阳自远写信，鼓励科学家们进行月球探测发展规划、方案设计和科学目标的研究，并专门告诉大家，月球探测必须要有明确的科学目标和工程目标。

美国1994年，发射了"克莱门汀"号绕月探测器，对全月面元素的分布与含量开始进行探测，结果发现了月球南极可能存在水冰的信息。当年，欧洲空间局也提出了重返月球、在月球建立科学研究基地的具体计划。俄罗斯、日本等国家的航天科学家们紧随其后也开始了行动，开始在世界范围内掀起了一轮新的探月高潮。

美国人的发现和其他国家的行动，给中国科学界和航天界

神州探月

带来很大的震动。在经历了空间技术的研究应用阶段之后，人类航天活动必然要走向空间环境的研究和利用阶段。在人造卫星、载人航天和深空探测这三大航天科技领域中，深空探测仍然是我国的空白点。"全世界现在对于月球探测的竞争已经非常激烈，中国如果还不开始行动，将会在竞争中落后，失去发言权。"科学院专家欧阳自远说。

1994年，以欧阳自远院士为首的专家组，在近一年的工作之后，完成了我国第一个比较完整的月球探测工程可行性报告。这份报告对国外月球探测活动的发展状况进行了分析，探讨了我国开展月球探测的必要性，我国月球探测的项目与任务说明我国开展月球探测已有的条件，对月球探测发展阶段的提出了设想，以及第一阶段月球探测的科学目标和第一颗月球探测器的方案设想。此次论证结果同样因各种原因，最终没有得到国家的批准和立项，但方案中所提出的科学目标中，有两个目标与1998年美国发射的月球勘探者绕月探测器的科学目标完全一致。这充分表明了我国科学家已经能够把握国际月球探测的主旋律，所提出的科学探测任务能表现出当代月球科学探测的焦点、重点和发展前沿。

这份报告之后，我国探月工程开始了长达10年之久的论证过程。

1998年，863计划航天领域专家委员会提出了"我国开展月球探测的必要性和可行性研究"课题并下达，来自航天系统有关研究院和中国科学院的专家学者对"我们为何去月球"、"我们去月球干什么"、"我们如何去月球"等问题，展开了深入、详细的论证。经过一年多的工作，有了第一套比较完整的论证报告，其中包括《我国开展月球探测的必要性与可行性报告》、《月球卫星技术方案可行性研究》、《月球卫星工程关键技术研究》等。

探月工程从最初的论证开始，就有着很多反对的声音，还有人写成信函送到国务院。"最响亮"的反对声音是，美国在阿波罗计划实现后，没有继续对月球进行科学探测，阿波罗计划耗资巨大，但实际收益却渺小甚微。而且十几年间，没有任何国家探测月球，各国倒是对探测火星更加感兴趣。月球的利用价值到底有多大？探月究竟值不值得？为什么不选择探测火星？等等，这些说法都在对探月工程的合理性提出质疑。

参与工程论证的欧阳自远院士一边作研究，一边积极地在报告会和研讨会上对各种反对和质疑作出回应。在给公众做的报告中，欧阳自远每次都要提到阿波罗计划。阿波罗计划在当时投资了约256亿美元，相当于现在的2000多亿美元。该工程虽然耗资巨大，但它带动了美国高新技术20世纪六七十年代的全面发展与工业繁荣，这是世界共知的。20世纪七八十年代，支撑美国国民经济高速发展的技术，大部分来自对月球探测技术的消化和二次开发，第二次开发应用产生的效益，比阿波罗计划本身所带来的直接经济产出高出许多。有人曾计算，阿波罗计划每投入1美元，3年后会产出4～5美元，也有人估计产出9美元。阿波罗计划之后，美国开始对航天飞机和空间站展开研究，1994年以后，美国又有了新的月球探测思路，很多国家提出要重返月球，包括美、俄、日、德、英、巴西、意大利、印度等。国际上关于月球的条约规定，月球不属于任何国家，谁先利用，谁先获益。在这时，中国应该在月球探测领域有所作为。

神州探月

包括欧阳自远院士在内的很多专家在十年的酝酿和论证过程中，除了搞研究，做得最多的就是四处宣传和呼吁。宣传工作很费心，但是专家们只要一有机会，就会向决策者、科技界和公众讲述月球探测的重要性，强调中国开展探月的必要性。

在我国探月工程的论证和争论中，科学界的一些行动也在不知不觉地推动中国探月计划前进的步伐。

1998年，解放军总装备部863航天领域办公室组织杨嘉墀等航天专家，通过了由清华大学牵头的"月球探测机器人总体方案设计及关键技术分解"的立项研究，对清华大学、中国空间技术研究院502所、国防科技大学、中国科技大学的"月球车"项目申请报告进行评审，揭开了我国月球车研究的序幕。

2000 年 5 月，清华大学组织了"月球探测技术研讨会"，在科学技术界引起强烈反响。

1998 年的秋天，中科院在香山召开了一次科学会议。会上，科学家们对参加会议的国防科工委官员说，我们有成熟的火箭和卫星技术，有世界上一流的空间科学专家，但是我们只能用国外科学家的二手资料作研究，总是在别人领先发布研究成果后，才开始进行研究。造成这种局面的原因，是我国到现在为止依然没有自己独立的空间探测计划，与国际上兴起的宇宙探索热潮相比，这是一个致命的漏洞。他们呼吁政府以国家计划的形式，对深空探测这块处女地尽快进行开发规划。

在世界探月活动整体升温的背景下，科学家们的宣传和呼吁，使政府高层开始重视中国的探月计划。

1998 年，我国对政府机构进行了重大改革，国务院成立了新的国防科学技术工业委员会（简称国防科工委），并设立了国家航天局。国防科工委作航天工业的国家主管部门，一成立就迅速组织精兵强将对探月工程进行论证，然后带来了许多振奋人心的好消息。

国务院新闻办公室在 2000 年 11 月，发表了《中国的航天》白皮书，其中"开展以月球探测为主的深空探测的预先研究"，成为国家近期发展目标之一。

1999 年，863 计划专家组对月球探测目标再次进行研究，中科院还作了《中国空间科学发展战略》的研究。经过长期研究和思考，科学家们对我国月球探测工程的科学目标也有了比较清晰、统一的认识。2000 年 8 月，中科院组织专家论证会，"月球探测卫星科学目标及有效载荷"这项研究成果顺利通过，自此，中国探月一期工程的科学目标正式确立。

该研究报告在系统分析国际月球探测现状与发展态势的基础上，详细论证了我国开展月球探测活动的意义、必要性和可行性，具体设计了我国月球探测一期工程的科学目标、有效载荷研制总体要求和相关的技术方案，提出了我国月球探测工程20 年总体规划和基本构想，明确了我国探月工程"绕"、"落"、

"回"三步走的规划设想。2001年，"发射绕月卫星"的第一期探月工程科学目标和有效载荷配置通过了国家评审。

实施月球探测是一项很复杂的系统工程，如何在现有的技术水平和有限的经费条件下，实施这一复杂的多学科高技术集成的系统工程，对我国科技界和航天界来说有着非常大的挑战。2002年10月，孙家栋院士受国防科工委的委托，对月球探测工程首期目标进行综合立项论证。这项综合论证是整个工程实施的关键，只有完成科学的综合论证，探月的科学目标才能通过可以实施的工程变成现实。

孙家栋是中国科学院院士、国际宇航科学院院士，我国第一枚导弹、第一颗人造卫星、第一颗遥感探测卫星、第一颗返回式卫星的技术负责人、总设计师，是中国通信卫星、气象卫星、资源探测卫星等第二代应用卫星工程总设计师，是我国"两弹一星"功勋科学家。我国绕月探测工程立项后，孙家栋被任命为绕月探测工程总设计师。

神 州 探 月

受国防科工委的委托，孙家栋组织全国各方面力量，对月球探测一期工程再次进行了为期一年的综合立项论证。综合论证的结果表明，发射绕月卫星能够采用我国现有的火箭和卫星平台，以最好的技术、最好的性能和最低的成本，来发射中国首颗月球卫星。运载火箭利用"长征"3号甲火箭现有成熟的技术，适应性加以修改，就能满足发射绕月卫星的条件；绕月卫星使用"东方红"3号卫星平台，并安装探月专用科学仪器；选择中国三大发射场之一的西昌卫星发射中心作为发射场；测控任务则由航天测控网和天文观测网（VLBI）一起来承担。

2003年，国防科工委宣布月球探测工程开始进入预研阶段，正式启动月球探测工程的预先研究，下达了月球探测工程关键技术攻关重大背景型号预研项目，并成立了月球探测工程领导小组，协调各单位的工作，拟出了国家月球探测工程的专项立项报告。

2004年1月23日，是中国历史上留下重大印记的日子。这一天，国务院总理温家宝主持召开了中央专委会议，我国月球探测一期工程被批准——绕月探测工程正式立项。月球探测后续工程，温家宝总理也作出了批示："建议纳入国家科技长远规划中充分论证。"同年 4 月，国家航天局宣布绕月探测工程正式启动，中国月球探测工程被命名为"嫦娥工程"。

历时近十年的我国月球探测一期工程论证工作在此时圆满结束，正式进入了探月工程实施阶段。

中国探月工程的重大意义

作为发展中国家的中国，发展经济，推进国家现代化建设，提高人民生活水平是目前最根本的任务。中国的月球探测活动，是促进科技发展，推动社会全面进步的一项重大科技工程，符合中国政府发展航天技术的一贯宗旨。

1. 国家发展战略需要

与载人航天工程一样，月球探测体现了一个国家综合国力，是科学技术水平的象征，是提升国家地位的载体。实施月球探测工程，对经济、科技和国家发展战略等方面的发展具有重大意义。

人造地球卫星、载人航天和深空探测，组成了人类航天活动的三大领域。世界各主要航天国家和组织，都已经在这三大领域全面发展，并取得了重要研究成果。几十年的发展使我国在人造地球卫星和载人航天领域有了重大突破，开展以月球探测为主的深空探测，提升对月球的认识，为参与月球资源开发和利用作出应有贡献，成为当时我国航天活动的必然选择，在成功研制和发射一系列应用卫星，突破载人航天技术之后，中国航天活动领域的另个目标，也是中国航天事业持续发展、有所作为与创新的重大举措。

国际协定规定月球和它的自然资源是人类共同的财产，任何国家、团体不得占为己有。但是，怎样维护本国的空间利益，已成为世界各国开始关注的问题。我国作为联合国外空委员会的成员国，只有开展月球探测并取得一定成果，拥有了分享开发月球权益的实力之后，才能维护我国合法的月球权益。开展月球探测工程，跨入探月国家行列，能使我国的月球权益得到维护，国际威望提高，具有非常重要的意义。实施月球探测工程，同时能够激励我国人民的精神和民族自豪感，增强民族凝聚力。苏联航天员尤里·加加林实现人类首次太空飞行，使苏联在航天技术领域占据了优势地位，这使苏联人民的民族精神得到振奋。

约翰·肯尼迪

美苏太空竞赛中，美国从最初就把阿波罗工程确立为国家目标，并向世界宣示美国要继续充当世界领先大国。肯尼迪总统提出的这一计划，得到了美国人民的热烈回应。在美国人心目中，这个计划是让美国一举翻身的最鲜明标志。1963年肯尼迪总统遇刺，震惊世界。人们都在关心阿波罗计划能否持续下去。肯尼迪的继任者约翰逊坚定不移地继续支持阿波罗计划，即使这一计划在政治上的收益被怀疑时也没有动摇。第二次世界大战后，在美国还没有一项国家政策得到过这样持久的、坚定的支持。

月球探测工程是我国航天领域重要的标志性工程，该工程的实施，将会极大地鼓舞中国人民的志气，振奋民族精神，增强民族凝聚力和民族自豪感，激励我国人民积极投身到建设社会主义的伟大事业中。

2. 深化对地月系统的认识

月球几乎没有大气和地质活动，月面没有人为改造和破坏的痕迹，月壤和岩石受到的损坏不大，因此，了解月球成因、

神州探月

演化和构造的信息成为研究地球起源与演化的最好"标本"。也就是说，对月球进行探测，相当于研究地球 39 亿～40 亿年前的标本，从中能够了解地球大气早期状态，甚至于太阳系和宇宙的起源和演变，了解空间现象和地球自然现象之间的关系，从中能够获得有关地球上生命起源和进化的线索，了解人类在宇宙中所处的位置和作用。

在月球上建立多学科实验室，可以对月球进行全面研究。如果月球实验室能够同地球上的科学设备并用，不但有助于对地球进行全球性研究，还可使人们从独特的角度，对地球进行深入、全面的了解。

3. 引领高新技术发展

月球探测是促进科学技术进步和发展的一个重要载体。实施月球探测工程，能够促进比较行星学、月球科学、地球与行星科学、空间天文学、空间物理学、材料科学等一系列学科的创新与发展。这些学科的发展，将会促进更多基础学科交融、渗透与共同发展。

月球探测工程是多学科高技术集成的一项系统工程，这样的工程的实施，能推动航天工程系统集成、深空测控通信、新型大推力火箭和航天发射等技术进行跨越式发展，通过开发复杂的月球探测技术，能够带动信息技术、微机电技术、光电子技术、机器人、人工智能、遥感遥测和遥控技术、新能源技术、新材料技术等

阿波罗登月宇航员

高新技术的飞速发展。其中大量新技术的产生，还可以广泛应用在其他领域，推动科学技术的整体发展。

20 世纪 60 年代，美国实施的阿波罗载人登月计划，使超高强度和耐高温材料、新型计算机、遥控作业等一大批高科技工业群体迅速发展。美国之所以在 20 世纪后 10 年能够持续高速发展，很大程度上因为阿波罗工程派生出的约 3000 种应用技术成果。美国领先于世界的信息、生物、新材料等高新技术，有很多来自对月球探测技术的消化、优化和二次开发。

美国实施阿波罗工程时，为了确保登月航天员的生命安全，控制载人飞船的内部温度，科研人员专门研制了一种液冷服，运用了靠泵输送冷水循环降温的原理。后来，这项技术被直接应用于陆海空三军，使美国坦克兵、潜艇兵和飞行员的工作条件得到很大改善。液冷服能为许多特殊病人减少痛苦。美国有个小男孩得了皮肤鳞化症，皮肤不能散热，因此，他整日只能呆在空调环境中，许多日常活动都不能去参加。液冷服研制出后，他就可以外出活动，从病痛和孤独中解放出来。

我国经济这些年虽然高速发展，可经济发展质量总体来说并不高。月球探测工程的实施，能带动我国高新技术发展，对国民经济高速、高效和高质量发展起到牵引和推动作用。

4. 为开发月球资源作准备

月球探测成果表明，月壤中有大量的核聚变物质——氦－3。据估算，月球上的氦－3 资源总量达 100 万～500 万吨，能供人类使用一万年以上。

目前，地球上的核电站采用的生产方式是核裂变，危险性很大，特别是辐射危害严重。倘若用核聚变反应来生产能源，不仅其单位物质产生的能量是裂变能的几百倍，况且产生的放射性危险，只相当于核裂变过程的万分之一。因此，氦－3 是一种高效、安全、较易控制的核聚变燃料。

在地球上，氦－3 资源非常缺少，专家估算总量不足 15 吨，只能维持一个 500 兆瓦规模核电厂几个月的用量。开发利用月壤中的氦－3，成为人类解决能源危机极具潜力的途径之一。

为了获取月球上的氦－3，许多国家在重返月球的计划中，都准备在月球上建立基地，用来开采月球上大量的氦－3。有人提出，以后的探月热潮，可以说是一场月球能源空间的争夺战。

　　因为月球表面几乎没有大气，太阳辐射能够长驱直入。据悉，每年到达月球范围内的太阳光辐射能量，大约为 12 万亿千瓦。科学家提出在月球上建立一个巨大的太阳能电池阵的设想，由它来聚集大量的阳光发电，这也是人类获取新能源的有效途径。

　　月球拥有低重力、高洁净的特殊自然条件，没有大气层和磁场，是进行天体物理学实验、新材料合成、奇特生物制品研制生产的理想场所，尤其是能够生产一些在地球上无法批量生产的特殊产品。利用月球的低重力环境，可以替代一些空间站上的微重力实验。

核电站

　　生产超纯净的单晶硅，要有超洁净的环境。在地球上，要提供超洁净的生产环境是困难的，在月球上，提供这种环境就非常容易，其洁净远远超过地球上的超洁净实验室。用月球上生产出来的单晶硅生产高速计算机的中央处理器，计算机可以进行更高的速度计算。

　　太空中没有空气对流，没有对药物纯度有影响的其他因素，因此，在太空中生产出的蛋白质晶体，纯度比地球上产出的要高 4 倍。现在在太空环境试制出来的干扰素、疫苗、激素，已经成为极有发展潜力的一类药物。未来，空间制药业和生物制品在月球开发中会占有非常重要的地位，同样是人类在月球开发中优先考虑的项目之一。

月球资源的开发利用，对人类社会的可持续发展会产生深远影响。我国开展月球探测，在为开发利用月球资源进行技术上的准备的同时也为人类可持续发展做出了重大贡献。

5. 开展空间天文观测

利用月球超高真空、低重力、高远位置等特点，可以在月球开展空间天文观测，这将给天文学开辟出一片广阔的新天地。

地球上空的大气，是人类生存不能缺少的保护层，但地球大气会吸收从超长波到 γ 射线的全部电磁辐射，只有可见光和无线电波能够到达地面。因此，一些包含丰富天体物理信息的天体辐射被地球大气阻挡和吸收。月球表面是超真空状态，在月球上放置天文望远镜，就可以进行全波段观测。例如，在月球上，能够进行地球上无法实现的紫外天文观测。

因为月球背面永远背对地球，所以能够屏蔽来自地球的低频噪音干扰，它的背面是安装射电望远镜和长波红外观测仪器的最好场所。与地球轨道上的天文望远镜（如哈勃望远镜）相比，月球上的天文观测仪器受地球本身各种活动和人类活动的影响非常小。

在月球上，还能够安装极低频射电望远镜和甚长基线阵列，来探测光线极微弱的天体，如遥远星系中的恒星爆发，可以对较亮的天体进行高频谱分辨率的观测。

在阿波罗计划中，美国登月航天员曾将小型天文观测设备安放在月球上。此后，一些科学家提出可以通过月球着陆器，把天文望远镜送到月球表面。我国科学家也准备在月球表面安放月基天文观测设备，同时在极紫外、光学（含近紫外）和低频射电三个波段进行天文观测。

利用月基天文观测站，人类能够更好地了解宇宙的产生和演化秘密，知道恒星与行星是怎样形成的，太阳系中的太阳、行星及其卫星和其他小天体是如何形成的，又是如何演变的。这些问题只要能够解答，人类对宇宙的认识将会大大提高。

第四章　美丽而宏伟的嫦娥工程

从"嫦娥奔月"到"嫦娥工程"

1984 年，联合国制定了《指导各国在月球和其他天体上活动的协定》，协定中规定月球及其自然资源是人类共同的财产，任何国家、集团和个人不得占为己有，但是，早开发便早受益，依然是不可改变的事实。

中国作为一个世界大国和主要航天国家，航天事业经过几十年的发展，早就具备了开展月球探测的基本条件，作为联合国《指导各国在月球和其他天体上活动的协定》的签约国，中国理应在这一领域拥有自己的地位。中国在发展了人造卫星和载人航天后，开始对以月球探测为主的深空进行探测，这是航天活动的必然选择，也是中国航天事业持续发展，有所作为，有所创新的重大举措。"上九天揽月"，早日踏上月球这片灰色的土地，是所有炎黄子孙的期盼。

早在 20 世纪 90 年代初，国际上"重返月球"的呼声越来越高，在进行各类应用卫星研制和实施载人航天工程的时候，中国航天专家和月球科学家就已经提出了中国必须启动月球探测工程，开展月球探测的建议，并对开展月球探测工程的意义、目标和途径等问题，进行了大量的前期研究工作。经过了一段呼吁和准备工作，在取得了大量的成果后，1998 年国防科工委开始中国月球探测工程的规划论证。

2000 年底，国务院新闻办公室公布了《中国的航天》政府白皮书，将空间探测明确列入 21 世纪初航天技术的发展目标，并向世界宣布：中国在今后十年内将开展以月球探测为主的深空探测的预先研究。白皮书的公布，向世界传递出信息：中国的月球探测工程开始正式提上日程。

有了十多年研究的基础，2001 年，我国的月球探测工程正式启动。由著名科学家孙家栋和欧阳自远负责，国防科工委组织，联合中国科学院、中国航天科技集团公司等单位，对月球探测工程的方案和科学目标等相关问题的研究论证正式启动。2003 年 2 月，国防科工委开始绕月探测的准备工作。论证组召开了多次月球探测工程论证会，布置检查方案论证工作，协调各大系统之间的关系，对我国探月卫星的轨道、测控、通信等具体关键技术进行了分析论证。落实研制单位，开始关键技术的攻关工作，并获得了大量的成果。

神州探月

2004 年初，我国政府正式宣布启动绕月探测一期工程，名为"嫦娥工程"，第一颗绕月卫星被叫做"嫦娥"1 号。著名航天专家孙家栋院士任程工总师，原国防科工委副主任、国家航天局局长栾恩杰任工程总指挥、著名科学家欧阳自远院士任首席科学家。从此，中国人向月球挺进的脚步迈开了。

月球探测卫星是整个月球探测工程中重点的重点，为了早日达到中国航天的第三步发展目标，中国航天科技集团公司中国空间技术研究院组织了"嫦娥"1 号卫星项目组，在总设计师兼总指挥叶培建院士的带领下，开始卫星的研制工程，很快取得了一系列突破性成果。

中国的月球探测工程为什么叫"嫦娥工程"，第一颗月球探测卫星为什么叫"嫦娥"1 号呢？早在论证开展我国月球探测工程的时候，有关部门就开始考虑为这个具有重大历史意义的航天工程取一个名字，经过多次讨论和征求意见，有关部门最终选中了"嫦娥"二字。在中国，"嫦娥奔月"的故事几乎家家都知道，"嫦娥"成为美丽、勤劳、勇敢的象征，用她的名字命名中国的月球探测工程，展现了中国人对造访月球的强烈渴望和实现飞往月球的梦想的决心。

2006 年，国务院新闻办公室再次公布了《中国的航天》政府白皮书，明确提出了我国将实现绕月探测，突破月球探测基本技术，准备开展月球探测工程的后期工作。

人类在月球的足迹

人们不禁奇怪，世上早就发射了一系列月球探测器，早在 1969 年美国人就将宇航员送上了月球上，如今三十多年后，我国为何还要开始"嫦娥工程"呢？

中国开展月球探测活动，遵循了中国政府发展航天技术的一贯的宗旨，其目的是为了促进科技发展，推动社会进步。实施"嫦娥工程"，在经济、科技和国家发展战略等方面都有重大意义。

1. 实施"嫦娥工程"，能充分展示我国的综合国力，是航天技术发展水平的象征，是提升国家地位的载体，是衡量一个国家科学技术发展水平的重要标志。

众所周知，人造地球卫星、载人航天和深空探测，是人类航天活动的三大领域，世界主要航天国家和组织都在这三大领域全面发展并获得了重要研究成果，其中月球探测是深空探测的首选目标。中国选择探月工程，是中国航天事业持续发展，有所作为、有所创新'的重大举措，是我国航天活动的必然，是继成功研制和发射一系列应用卫星和突破载人航天技术后，中国航天活动的第三个里程碑。

2. 实施"嫦娥工程"，可以维护我国的月球权益。虽然联合国在 1984 年通过的《指导各国在月球和其他天体上活动的协定》（简称《月球条约》）中规定，月球及其自然资源是人类共同财产，任何国家、团体和个人不得占为己有。但是，当前主要航天国家和组织都在加紧实施月球探测计划，如何保证履行《月球条约》规定的权利、义务已成为世界各国开始关注的问题。

3. 实施"嫦娥工程"，可以带动和促进我国基础科学和高科技的发展。月球探测是促进科学技术进步和发展的重要载体。实施"嫦娥工程"能够促进宇宙学、比较行星学、月球科学、地球与行星科学、太阳系演化学、空间天文学、空间物理学、空间材料科学等的创新与发展，这些科学的进展将会带动更多的基础学科交叉、渗透与共同发展。月球探测工程是一项多学科高技术集成的系统工程，实施这样的战略工程能够推动航天工程系统集成、深空测控通信、新型大推力运载火箭和航天发射等航天技术的跨越式发展，并且带动信息技术、微机电技术、光电子技术、机器人、人工智能、遥感科学、新能源技术、新材料技术、遥感科学等其他高技术的发展，对科技具有重要的作用进步，同时也会对人类文明产生不可估计的重大影响。

神 州 探 月

4. 实施"嫦娥工程"，能够为人类开发利用月球资源做准备。人类已经获得的月球探测成果表明，月球上独特的矿产和能源，能对地球资源作重要的补充和储备，比如，开发月球上大量存在的氦－3。目前的主要以氘和氚为原料，核聚变研究，因氚容易污染环境，所以对人体健康有很大影响，而氦－3是氦的同位素，能在核聚变反应中释放巨大能量，并且几乎不产生放射性污染，是 21 世纪人类社会的完美燃料。另外，月球上强烈的太阳辐射，每年可产生 12 万亿千瓦的能量，因此，在月球建立太阳能发电站是人类获取新能源的有效途径。同时，利用月球具有高真空、低重力的特殊环境，在生产特殊强度、塑性等性能优良的合金和钢材的同时，还能生产诸如超高纯金属、单晶硅、光衰减率低的光导纤维和高纯度药品等。由此可见，月球资源的开发利用对人类社会的可持续发展会产生深远影响。所以，我国开展月球探测，既能为将来开发利用月球资源进行技术上的准备，也能为人类可持续发展做出重大的贡献。

5. 实施"嫦娥工程"，可以促进深空探测活动的发展。深空探测是一个重要的航天领域，月球探测是深空探测的首选目标。科学家提出，月球环境是人类的宝贵财富。通过利用月面上没有人为改造和破坏的某些本来面目，研究月球，可以了解月球的成因、演变和构造等多方面的信息，能帮助我们了解地球的远古状态、太阳系乃至整个宇宙的起源和演变，同时还可搞清空间现象和地球自然现象之间的关系，能使人类对地球、太阳系以至整个宇宙起源和演变及其特性的认识得到极大提升，从中寻求有关地球上生命起源和进化的线索。同时，"嫦娥工程"在空间科学方面，对地球以外的星体和空间环境进行近距离和接触式的探测将首次实现。在航天技术方面，将逐步实现多项重大突破，首次到达38万千米的距离；首次在地外星球上软着陆；首次从地外星球拿回样本等。"嫦娥工程"的成功实施，将会使"嫦娥奔月"的神话付诸为现实，打破我国深空探测"零"的记录，从此我国将跨入到深空探测先进国家的行列。特别需要指出的是，进行月球探测仅仅只是我国深空探测计划的第一步发展目标，开展"嫦娥工程"进行的拉术上的准备，为我国进行更大范围的深空探测提供技术支持。

6. 实施"嫦娥工程"，对我国经济可持续发展有很大帮助。近年来，我国经济发展很快，但大部分是以高能耗、高污染为代价的，月球探测工程对高新技术的带动在不久的将来必然会回馈于经济，而以高新技术为动力的经济是低能耗、低污染、高效率的。美国领先于世界的信息、生物、新材料等高技术，多来自对"阿波罗"工程技术的消化、优化和二次开发。我国"嫦娥工程"将带动基础科学和高新技术的进步，并且逐步在国民经济各方面进行推广应用，对经济的发展将带来极大的牵引和推动作用。

7. 实施"嫦娥工程"，促进了空间天文观测和科学研究的深入。月球环境，是进行空间天文学研究最适合的场所。月球表面极其稳定的地质构造，以及它直接承受太阳的辐射，不会受到大气层对光线和电波的吸收、散射和折射等干扰，没有尘埃污染，没有磁场，月球的背面没有人造光源和射电的干扰，地震很微小。月球在漫长的黑夜里温度极低，这种环境为建造高精度天文观测台提供了理想的场所，在那里架设望远镜就能进行全波段的天文观测，获取地面观测系统根本无法得到的信息。总之，月球是进行天体物理学、中微子物理学和高能物理等观测和实验的最适合场所。开展月球探测会大大促进我国空间天文、空间物理、空间生命科学、对地观测科学和空间材料科学等科学领域的创新和发展，这些学科的研究将同时带动更多的基础学科门类的共同发展，获得更加显著的社会和经济效益。

8. 实施"嫦娥工程"，会推动中国航天领域的国际合作。"嫦娥工程"起点高、有特色、有创新，它的科学性，探索性、开放性等特点，为开展航天国际合作搭建了平台。在世界掀起月球探测新一轮高潮之际，通过开展"嫦娥工程"，能积极探索月球探测国际合作的多种形式和有效途径，借着这层突破口，开展多层次、多渠道的国际合作，我国空间科学、航天技术和空间应用将会更加开放，我国航天活动各领域的国际交流与合作也会得到提升。

9. "嫦娥工程"的开展，不但培养了一支在相关领域高素质、高水平的人才队伍，还促进了科学技术事业的进步，有着重大的现实意义和深远的历史意义。

我国"嫦娥工程"，将拉开月球探测大幕，"嫦娥"1号会承载着中国人的千年梦想，"乘风好去，长空万里，直下看山河"（引自宋·辛弃疾词《太常引》），中国人第一次探访另一个星球的历史篇章将会书写。我们有很多理由相信，实现中华民族千年飞天梦想的中国航天人，在广袤的太空，一定能耸立起中国航天的第三个里程碑。第二节开展"嫦娥工程"的根本目的是：掌握月球探测技术，对月球科学探测和应用开展研究，参与月球资源的开发利用，使我国的月球权益得到维护，为我国和人类可持续发展作出应有的贡献。

神州探月

我国开展"嫦娥工程"的基本原则

1. 我国国情和月球探测工程的特点表明，坚持月球探测必须服从和服务于科教兴国战略和可持续发展战略，只有这样才能满足科学、技术、政治、经济和社会发展的综合需求。

2. 月球探测有着大型科学探索活动的明显特点：高投入、高风险、高收益。月球探测工程必须把推进科学技术进步的需求放在第一位，这样才能发挥更大的作用。目标发展上，要根据实际国情，选择目标，突出重点，要将统筹规划、远近结合、循序渐进、持续发展、形成特色等相结合，力求在创新的同时集中力量，在关键领域进行重点突破，实施"快、好、省"的月球探测策略，为深空探测活动创造坚实的基础。

3. 充分利用国外的探测成果，同时借鉴国外月球探测工程的经验教训，在高起点上优选探测目标，优化技术实现途径，保持先进性和创新性，做一些别人没有做过的事，在填补中国月球探测的空白史中，形成自己的特色，为国际月球探测作做出贡献。

4. 月球探测有着开展国际交流与合作的有利环境和条件，在坚持独立自主、自主创新的基础上，实行多层次、多渠道的国际交流与合作，从学术交流、共同研究到合作研制，在逐步扩大合作规模，提高合作层次的同时，尽量减少投资，争取更多成果，并在技术上实现飞跃。

中国国防科工委官员在讲述我国实施"嫦娥工程"理念的时候表明，"嫦娥工程"是一项开放的工程，它获得的数据不会被放置起来。"嫦娥工程"的数据产品将按照行星数据系统标准，在处理的程度上进行分级，供不同类型的专门课题研究和特殊产品制作使用，确保这些数据能够为全国的科学家开展相关研究并且提供支持。为此，有关部门已专门成立"嫦娥工程"科学应用专家委员会，向包括港、澳和台湾地区在内的大学和相关研究机构发出了邀请，得到了积极的响应。在这个委员会的带动下，将有大批的学者参与"嫦娥工程"的科学研究，"嫦娥工程"将会取得更大的成果。有关部门还将组织对这些成果向相关领域进行转化和应用，对于所获新认识、新发现向公众进行科学普及，让更多的人在这一伟大的工程中受益。同时，我国还向世界各国的科学家提出，可以通过恰当的合作方式，共同开展对"嫦娥"1号卫星取得的科学数据进行研究。

雨果有一句名言：假如我们各有一个苹果，彼此交换后各人仍只有一个，而假如我们各有一种思想，彼此交换后每人就有了两种思想。我国国防科工委官员分别在不同的场合呼吁：我们同住一个地球，共享一片天空。月球是我们共同的卫星，属于全人类，是人类未来发展的重要活动领域，中国愿意汇集全世界的智慧和能力，共同开展月球探测，一起分享月球探测给我们带来的喜悦，一起利用月球的资源，一起分享人类文明进步的成果。

探月活动的三个阶段

人类对月球的探测，是以技术可实现为基础，然后循序渐进逐步深入进行的。苏联和美国早期的月球探测活动步骤都是按照这个原则进行的。

让我们来看一看苏联和美国月球探测活动的大体脉络。

1. 苏联的月球探测步骤

（1）以"月球－2"探测器为标志，直接命中月球，进行月球表面硬着陆，在接近月球过程中，发回图像的同时试验月球表面的坚实程度，为软着陆作准备。

（2）以"月球－3"探测器为标志，探测器沿抛物线或双曲线规定从月球旁边飞过，对月球摄像，获取地形地貌信息的同时，进行探测近月空间环境。

（3）以"月球－9"探测器为标志，利用反推火箭减速，探测器从近月轨道进行制动，最后探测器在月球表面平稳降落，试验月球表面的承受能力，拍摄高分辨率照片，同时进行月震、月壤成分、月球磁场等测定。

（4）以"月球－10"探测器为标志，探测器环绕月球飞行的同时，对月球照相、探测近月空间环境等。

（5）以"探测器－5、6"等为标志，探测器飞抵月球并返回，主要是为了试验从月球到地球的返回技术，为载人登月技术进行准备试验。

（6）以"月球－16"探测器为标志，探测器在月球上软着陆后取样并返回地球。

（7）以"月球－17"探测器为标志，探测器在月球上软着陆后，释放月球车的同时，对月球进行摄影、月壤分析等自动巡视探测工作。

2. 美国的月球探测步骤

（1）发射"先驱者"探测器，在月球近旁飞越。

（2）发射"徘徊者"探测器，在月球表面硬着陆。

（3）发射"勘测者"探测器，在月球表面软着陆。

（4）发射月球卫星，对月球照相，为载人登月选择地址。

（5）发射不载人和载人飞船，试验载人登月和返回技术，实施载人登月。

（6）于 1994 年以来，发射月球卫星，对月球资源和能源进行详细的探查，准备重返月球，进行月球资源和能源的开发利用以及建立月球基地。

从中可以看出，尽管苏联和美国在月球探测步骤上略有不同，但都是从简到难，逐步深入，分步实施的。

3. 探月的三个阶段

综观人类探月活动的发展历程，可以把人类探索月球、开发和利用月球的活动划分为"探"、"登"、"驻（住）"三个阶段。"探"是指对月球进行无人探测。在这一阶段，人类通过发射各类探测器，主要是对月球进行绕月探测和着陆探测。"探"月的风险小一些，也就容易实现。到目前为止，人类对月球的探测，基本停留在这个阶段。相比而言，美国和俄罗斯对"探"月这一步做得比较充分，欧洲、中国和日本等也陆续实现了"探"月这一目标，印度、德国等一些国家正在为实现"探"月目标而积极努力。

"登"是指航天员登上月球，在月球上进行直接操作的月球考察试验，航天员在月面短暂停留后，很快返回地球。到目前为止，实现了航天员登月考察的只有美国，并在月面建立了科学考察站。

"驻（住）"有两个层次：一是驻，即航天员带着驻月探测设备登陆月球，在月球上放置好探测设备作短期停留后，立即返回地球；驻月探测设备则驻留在月球上，对它进行长期的探测活动。二是住，即在月球上建设月球基地，航天员、科学家以及工程人员能够在月球上长期居住和工作，长期开展科学试验，并开发和利用月球资源。从目前美国、俄罗斯、欧洲空间局和日本等国发布的月球探测计划看，这些国家的目标都是把月球探测建立在月球上，为今后探测月球和开发利用月球资源作准备。

分析国际上探月取得的成果，和世界各国重返月球的战略目标和实施计划，联系到我国的科技水平、综合国力和整体发展战略，2020 年前，我国月球探测工程将以无人探测为主，分三期实施规划，分别实现绕月探测、月面软着陆与月面巡视勘察、

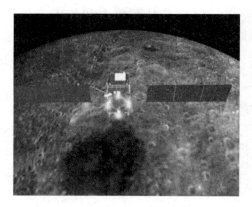

"嫦娥"1 号卫星

月面巡视勘察与自动采样返回地球，简称为"绕"、"落"、"回"三步走。

第一期工程为绕月探测。在这个阶段，我国在2007年发射"嫦娥"1号绕月卫星，突破了地外天体的飞行技术，首次实现绕月飞行。这一阶段，主要利用了我国现有的成熟的航天技术，研制和发射"嫦娥"1号卫星，以突破地月飞行、远距离测控和通信、绕月飞行、月球遥测与分析等技术，并初步建立我国月球探测航天工程体系。

其具体的科学目标是：

（1）获取月球表面三维影像。

（2）分析月球表面元素含量和物质类型的分布特点。

（3）探测月壤特征与厚度。

（4）探测地月空间环境。

具体的工程目标是：

（1）研制和发射我国第一颗绕月卫星。

（2）初步掌握绕月探测基本技术。

（3）首次开展月球科学探测。

（4）初步构建月球探测航天工程系统。

（5）为月球探测后续工程积累经验。

"嫦娥"1号卫星由"长征"3号甲火箭在西昌卫星发射中心发射。采用已成熟的"东方红"3号卫星平台，测控系统负责运载火箭发射和"嫦娥"1号卫星全程飞行任务期间的轨道测量、遥测监视、遥控操作和飞行控制，以及"嫦娥"1号卫星在轨飞行期间的操作管理。地面应用系统"嫦娥"1号探测数据的接收、管理、应用与研究进行负责。

第二期工程是落月探测，规划时间是2007～2013年。这一阶段计划发射两颗携带月球巡视勘察探测器（俗称月球车或月球机器人）的月球软着陆器，在着陆器落区附近就地进行探测。

在该阶段，我国将首次实现探测器在地外天体软着陆和自动巡视勘测。确切方案是研制月面软着陆器和月球车。能够实现在月面安全着陆，月球车自动在月面上进行巡视勘察，探测着陆区周围的岩石与矿物成分，测定着陆点的热流与周边环境，进行高分辨率摄影。

现场采样分析月壤、月岩样品，为以后建立月球基地选址提供科学依据。

具体的科学目标是：

（1）着陆区地貌与地质构造调查和综合研究。

（2）月表物质成分和可用资源调查。

（3）月球内部结构研究。

（4）日地月空间环境监测。

（5）月基光学天文观测。

具体的工程目标是：

（1）使月球软着陆、自动巡视勘察、月夜生存等关键技术获得突破。

（2）研制月球软着陆探测器与月面巡视探测器，建立地面深空测控站。

（3）建立月球探测航天工程基本体系，为后续工程提供帮助。

第三期工程专门负责月面巡视勘察与采样返回，规划时间为2013～2020年。该阶段准备把小型月球采样返回器、月面钻岩机和月球机器人等探测器发射至月球表面，随后通过月球车和机器人现场进行探测，采集关键性样品返回地面，对着陆区进行仔细研究，为下一步载人登月探测，建立月球基地选址提供数据资料。预计2017年前后，将发射一颗能够返回的月球软着陆器。

具体的科学目标是：

（1）在着陆区进行探测与研究。

（2）采集月球样品返回地面，对样品系统的岩石学、矿物学同位素月质和月球化学进行研究。

（3）根据月面物质成分的分析数据，深化月球和地月系统的起源和演化研究。

具体的工程目标是：

（1）研制新型月球巡视车。

（2）研制小型采样返回器、月表钻岩机、月面采样器、机械臂等。

（3）以现场分析取样为基础，再采集样品返回地球。

（4）在着陆区进行考察，提供数据给载人登月、建设月球基地选址。

我国月球探测工程把实现最终功能作为目标，以分步实施为原则，把后续工程的每一步，都当作对前一步的深化，同时为下一步探测活动奠定基础。其衔接关系表现如下。

一期工程：地月转移＋环月

把地月转移轨道和近月制动的关键技术突破，实现绕月探测，对月球开展全球性普查式探测。

二期工程：地月转移＋环月＋软着陆/巡视勘察

掌握在月面软着陆、就位和巡视探测以及月夜生存等技术，让软着陆和巡视探测得以实现，开展月球区域性的精细就位探测。

三期工程：地月转移＋环月＋软着陆/巡视勘察＋月面上升＋月球轨道交会对接＋月地转移＋地球大气层再入

掌握月面起飞、月面取样和月球轨道交会对接、月地返回飞行技术。研制新的上升舱和返回舱，继承和完善环月轨道器、着陆探测器、巡视探测器的同时对月球轨道交会对接和月面采样返回等关键技术进行突破，实现采集月表样品返回地面。

绕、落、回三期工程的科学目标，一样有明显的递进关系。

绕：对月球进行全球性、整体性的综合普查。

落：在月面着陆区进行区域性精细就位分析。

回：采集月球样品返回，在地面对月球样品进行实验性精准分析。

对月球探测工程的实施，为我国突破无人月球探测的主要关键技术，以此实现对月球的环绕、着陆、巡视探测和采样返回，形成探测器、深空测控网和运载火箭等一系列自主创新成果，并实现开展无人月球探测的能力；初步建立我国深空探测的科学、技术和工程体系及创新团队，同时为空间科学研究和深空探测的可持续发展奠定基础。走完这三步，我国无人月球探测技术将会成熟，载人登月的那一天离我们越来越近。

"三步走"的计划完成后，对月球的了解进一步加深的同时，我国将根据当时国际上的月球探测发展情况和国情国力，进一步制订月球探测计划，以后的计划中，也许将包括中国宇航员登上月球进行科学考察和建立月球基地的计划，甚至会启动月球旅游的计划呢。

"嫦娥工程"一期的科学目标解读

绕月探测工程是我国开展月球和深空探测的第一步，把分析国际月球探测历史、现状和发展态势作为基础，同时根据我国科学技术发展需要以及实际能力，科技人员提出了绕月探测工程的四个主要科学目标。

1. 获取月球表面三维影像

在月表形貌特征开展探测、辨识、划分和研究，是国际月球探测的最重要内容之一。研究月球形貌特征，还能为月球演化历史提供最直接的证据。绕月探测工程最先从整体性、全球性和综合性的角度出发，从宏观探测入手，利用 CCD 立体相机和激光高度计，在全月面实施三维立体成像探测活动，同时开展以下几个方面的科学研究。

（1）将月球表面的基本地质构造和地貌单元进行划分。

（2）对月球环形山形态、大小、分布、密度等进行测量和分析，为人类按行星表面年龄划分和早期演化历史提供基础数据。

（3）将月球断裂和环形影像纲要图划分，勾画月球地质构造演化史。

（4）对月球质聚体和月球重力场研究进行。

（5）提供科学依据为优选合适的着陆探测区域。

2. 探测月面元素含量和物质类型分布

月球探测的一个最主要、最基本的任务是了解月球物质成分、分布规律和演化特征。同地球科学一样，认识月球的形成和演化历史是月球科学的最基本任务。要了解月球的演化历史，必须要知道月球的化学组成和物质状态。对月球化学元素的含量和分布特征进行研究，可以反演月球的演化过程，能够为地月系统的起源与演化的研究，提供最直接和最有效的科学依据。

通过望远镜观测及 20 世纪 60 年代以来的一系列月球探测活动，人类对月球表面物质组成与分布规律已经有了一些认识。但是，目前人类对月面物质了解最多的，仅仅是月球正面 9 个着陆采样点。而且由于采样范围的局限性，人类对月球物质研究的深度和广度还远远不够。

我国绕月探测工程四大科学目标之一是对月球元素和物质类型进行整体性探测。为实现这一目标，"嫦娥" 1 号卫星携带了干涉成像光谱仪、Y 射线谱仪和 X 射线谱仪，对月球展开了为期一年的物质成分探测。其中 Y 射线谱仪和 X 射线谱仪，用来探测月表物质元素含量，干涉成像光谱仪则用来探测月表矿物含量。通过这三种科学仪器，可以实现如下目标：

（1）利用 Y 射线谱仪和 X 射线谱仪，测出月表 14 种有用元素——氧、硅、镁、铝、钙、铁、钛、钠、锰、铬、钾、钍、铀及稀土元素的含量与分布特征，编制出全月球元素分布图。

（2）利用干涉成像光谱仪，对月球进行全球成像，取得主要造岩矿物如橄榄石、辉石、斜长石在月面上的含量与分布，编制出月球矿物分布图。

（3）根据矿物、元素的探测结果，研究、辨别出月面物质类型和分布规律，确定月表尤其是月球背面的岩石组成和分布特征，编制出月球岩石类型分布图。

（4）对元素丰度异常区的分布特征进行分析，估算这些异常区元素的开发利用前景。

（5）根据月面物质成分探测结果和以往相关研究，对月球化学演化与成因展开综合性研究，为完善月球成因理论作出贡献。

（6）提供第一手资料给优选月球软着陆探测器着陆区。

3. 探测月壤特性

尽管月球上没有空气和水，但诸如温差、不均匀热胀冷缩、太阳风、宇宙射线轰击、陨石和微流星体撞击等因素都有可能导致月球表面岩石碎裂，使月球表面覆盖上一层碎屑——月壤。

对月壤进行详细探测，是国际月球探测活动的一个必需目标，因为月壤是研究太阳辐射的最好标本。

月球固体表面年龄至少已有 40 亿年，太阳风持续对月球表面进行轰击，因此月壤记录了 40 亿年太阳活动的历史，其完整程度在太阳系其他行星或卫星表面是无法相比的，对于研究太阳活动的演化历史，以及太阳对地球气候变化的影响来说，这是一条便捷的途径。

就像地球表面的沉积作用记录了地表演化历史一样，月壤也同样记录了月球早期历史。研究月壤能帮助我们了解月球岩石的组成，月壤的厚度以及其成熟度，这不仅与月球表面的暴露年龄和环形山的形成年龄有直接关系，还为建立行星表面时间标准提供了一条可靠途径。

目前，国际上并没有对月壤进行过大面积的测量。假如测出全月球的月壤厚度，就能进一步估算月球氦－3 的资源量，对于以后选择在哪个地区建立月球基地来说十分重要。

中国科学家发明了一种微波辐射技术，分别采用四种不同频率的微波测量月壤的厚度。测量月壤厚度的遥感方法，至今国际上还没有先例。

4. 探测地月空间环境

日地月空间环境，是人类生存发展的重要场所。这一空间区域为宇宙射线、太阳耀斑和日冕物质抛射等的剧烈活动地，经常给地球磁层、电离层和中高层大气、月表环境、探测器运行与安全，以及人类健康带来很大影响。

月球与地球平均距离为 38.4 万千米，处于地球磁场空间的远磁尾区，在向阳面能穿出地磁场磁层顶，感受行星际空间环境。因此，月球探测器在月球向阳面，就可以探测到行星际空间的原始状态，迅速地监测出太阳风的扰动。同时，研究太阳风和月球、磁尾和月球的相互作用，深入认识这些空间物理现象对地月空间的影响，也非常重要。

尽管美国等国家已经开展了地月空间环境探测，但对于我国来说，上述探测和研究活动还是首次，是我国在近地空间环境探测之后，迈向行星际探测的第一步。月球没有磁场，并且不受地球磁场的影响，太阳风与月球的相互作用完全不同于太阳风与地球的相互作用，太阳风能够不受扰动地轰击月球表面。在一定高度以上，月球向阳面的磁场，是未受扰动的行星际磁场。因此月球资源探测器是监测原始太阳宇宙线的最好平台。

总之，进行日地月空间环境探测与监测，对科学理论研究、应用研究、保障人类以及地球的自身安全等方面，都有重大的意义。

绕月探测工程利用高能粒子探测器和低能离子探测器，展开下列探测任务。

（1）监测太阳宇宙线。测量太阳原始宇宙线的成分、能谱、通量和随时间的变化特征，为太阳耀斑及太阳宇宙线提供服务；探测月球背面（相对太阳）的太阳宇宙线，对月球对太阳宇宙线的遮挡效应展开研究；探测地磁尾中的太阳宇宙线，研究磁尾对太阳宇宙线造成的影响。

（2）探测太阳风等离子体。对太阳风等离子体的能谱进行探测，即太阳风等离子体的能量分布函数。从中引出平静和高速太阳风等离子体的特征量，如太阳风的体速度、电子和离子温度以及数密度等。

我国探月工程的科学目标与美苏等开展过月球探测的国家相比而言，在相似的内容程度上，进行创新。在 20 世纪六七十年代以及九十年代，苏联和美国通过发射硬着陆探测器、软着陆探测器、绕月探测器和载人登月探测，取得了大量的月球探测成果。在美苏月球探测的基础上，我国的绕月探测工程，既有必要的重复性、确认性的探测内容，也有我国独特的、创新性的科学目标和探测内容。

如同开车要有交通图，打仗要有地形图一样，绘制月球三维影像图，是月球探测必须要做的基础性工作。我国是世界上首先对月球表面全月面三维进行立体照相的国家，这对月表形貌、地质构造、环形山等的研究，有很大的意义。研究月球形貌特征，还可以成为月球演化历史最直接的证据。

国外已经绘制过不少月球平面图，但绘制三维立体图的很少。1994 年和 1998 年，美国发射了"克莱门汀"号探测器和"月球勘探者"号探测器，试图对月球进行立体拍摄，但只绘制了从赤道到南北纬 70° 区域的月球三维影像图，更高纬度区域的清晰月面图没能绘制成功。另外，全月图大多是由许多局部地区遥感图拼接而成的，美国制作的月面图不但拼接处有缝隙，而且很多地方没有画上。

在月球上的高纬度地区，太阳是斜射的。因为太阳光照不足，相机拍摄效果很差，所以高纬度地区的月面图很难获得，一般来说，能做到南北纬 70° 以上就已经很困难了。还有南北极地区，一些地方有些深坑，太阳光永远照射不到，也没有

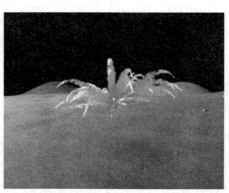

"嫦娥" 1 号卫星撞击月球

做成地图。"嫦娥"1号运用与其他国家不同的思路，将一台CCD立体相机和一台激光高度计两者结合起来，就能做成一张比较精细、比较全面的月球立体地图。

　　我国计划探测月球表面14种元素的含量和分布，用于研究月球科学和月球矿物资源调查，以此对月球的开发和资源利用奠定基础。我国也将首次探测全月面的月壤厚度，对月球表面风化历史进行研究，调查氦－3资源分布。通过绕月探测，我国将获得7万千米以外地月空间环境的第一手原始资料。

　　从中国、日本、印度、德国等首次开展绕月探测的国家来看，首次绕月探测的科学目标差不多一致，其中包含了绘制月球全图、月球资源调查、地月环境探测等主要内容。这表明，首次探月的国家，对科学目标的选择都有着相近的认识，同时也反映出各国对开展月球探测活动有着相同的认识。

　　我国绕月探测工程根据国外已有的探测成果，吸取国外月球探测活动的经验和教训，优选探测目标，优化技术实施途径，做一些具有先进性和创新性，同时别人尚未做过的事，这样在填补我国月球探测的空白，形成自己的特色的同时，也为国际月球探测做出了应有贡献。因此，从这个意义上说，我国朋球探测活动尽管起步晚，但起点很高。

"嫦娥工程"一期的工程目标解读

　　第一个工程目标：研制和发射我国第一颗月球探测卫星。在充分借鉴我国以往卫星研制技术基础的同时，通过技术创新，研制和发射第一颗月球探测器——"嫦娥"1号卫星，来实现我国月球探测卫星研制技术的突破，是整个"嫦娥工程"实施的基础和关键。

　　第二个工程目标：初步掌握绕月探测基本技术。绕月探测是我国月球探测工程的第一步，这项工程的核心是根据我国现有的成熟的航天技术，研制和发射月球探测卫星，突破地球到月球飞行、远距离测控和通信、绕月飞行、月球遥测与分析等

"嫦娥一号"卫星效果图

技术，实现从地球走向月球的同时建立我国月球探测航天工程的初步系统。

第三个工程目标：首次对月球科学展开探测。用卫星携带的探测器取得月球表面可见光三维立体影像、在月球表面探矿、进行月壤的结构和化学成分探测、探测地球和月球空间的环境，提供宝贵的资料和数据给科学研究。

第四个工程目标：初步构建月球探测航天工程系统。其中包括运载火箭、卫星、发射场、地面测控系统和地面应用系统，对月球探测的特点作出相应的整合与适应性修改，然后建立适应未来发展的工程大系统。

第五个工程目标：为月球探测后续工程积累经验。在一期工程实践中，验证深空探测的各项关键技术，获取月球探测的宝贵的经验，同时培养相应的人才队伍，进一步开展推动月球探测的活动，为未来更大规模的月球探测打下技术基础。

"嫦娥工程"一期的"五大系统"解读

我国月球探测一期航天工程系统，分别由月球探测卫星、运载火箭系统、发射场系统、测控系统和地面应用系统等五大部分组成。

1. 月球探测卫星系统："嫦娥"1号卫星在借鉴我国过去卫星工程经验的基础上，根据月球探测任务的需要，作出了大量的技术创新和适应性修改，满足了月球探测有效载荷的需求。卫星分为有效载荷与卫星平台两部分，采用三轴稳定姿态控制方式，工作寿命不少于1年。绕月轨道高度200±25千

神州探月

米，倾角 90±5 度。

2. 运载火箭系统："嫦娥" 1 号卫星将由 "长征" 3 号甲运载火箭发射。"长征" 3 号甲运载火箭是 1986 年 3 月正式研制的一种三级液体火箭，历时 8 年，在 1994 年 2 月 8 日的首次飞行中取得圆满成功。火箭长 52.52 米，最大直径 3.35 米，起飞质量 241 吨，地球同步转移轨道运载能力 2.6 吨。目前为止，该火箭有着发射成功率达 100% 的良好成绩。它的性能稳定、技术成熟，完全拥有将月球探测卫星送入轨道的能力。由于该火箭有着更灵活行进的控制系统，既能在星箭分离前对有效载荷进行大姿态调姿定向，也可提供可调整的卫星起旋速率，具有较强的适应性。

3. 发射场系统："嫦娥" 1 号卫星在西昌卫星发射中心发射。西昌卫星发射中心于 1970 年组建，是我国用来专门发射地球同步轨道卫星的大型航天发射场，也是目前我国拥有规模最大、最先进设备技术，具备发射多型号卫星能力的新型航天器发射场。这个发射场在 20 世纪 80 年代建成并投入使用后，多次承接了国内外卫星的发射任务，我国的 "东方红" 3 号、"风云" 2 号、"北斗" 1 号等卫星都是在这里发射升空的。

为迎接 "嫦娥" 1 号卫星的发射及我国今后新一轮高密度卫星发射任务的到来，西昌卫星发射中心协同有关单位和部门，在 2005 年下半年，开始对三号发射塔架及部分附属设施进行大规模改造。由于引入了远程控制、常规加注三维实时显示系统、低温燃料浓度报警系统等新技术，改造后的发射塔架设备比原来先进可靠、自动化程度更高、安全性更强，为星、箭测试发射提供了很好的硬环境，大大加强了综

西昌卫星发射中心

合试验发射能力。"升级"后的三号发射塔架将开始与原有的二号发射塔架交替使用，而且有可能会出现两枚火箭同时矗立在两座发射塔架内的壮观场面。专家认为，升级后的三号发射塔架将迈入世界领先行列，中国在国际航天发射市场上的竞争力将会进一步得到提升。

4. 测控系统：能够完成对航天器跟踪测量、监视控制以及实现信息交换的专用地面系统叫做航天测控系统。分别由地面航天测控中心、测控站、通信站、海上测量船、空中测量飞机、遥测站和航天器等组成，形成三维立体测量网络。对航天器轨道和工作状态进行跟踪测量和监视（遥测）；对航天器轨道和姿态进行控制（遥控）；接收和处理航天器发回的各种信息和资料（遥收）；对故障航天器实施安全控制和自毁控制；向航天器商业用户提供有用的情报和专业信息等都是航天测控网的任务。

深空测控通信系统在深空探测任务中起着关键的作用。是人类与深空探测器联系的通道和纽带，因为深空任务周期长、通信延时长、链路带宽有限、信号微弱、数据更加关键可贵等一系列原因，使得深空测控通信等的实现变得更加困难，这对星上设备以及地面设备都将带来新的挑战。

目前，我国发射的卫星均绕地球运转，其中轨道最远的卫星距离地球约8万千米。如果要在天上"看"清小小的月球旁边以每秒1.6千米速度飞行的一颗人造卫星，则需要更精确的"视力"。

"嫦娥工程"一期在载人航天工程建设的统一S频段测控网的基础上，为中国绕月探测工程规划设计了测控系统，可以充分利用国内的地面测控站、远洋测量船，保证地面与"嫦娥"1号月球卫星的通信，进而完成遥测数据接收和遥控指令的发送。

我国在上海佘山和乌鲁木齐两地分别拥有一个直径25米的天线，它们有大约4～6个小时可以用来接收卫星上的信息，为了"嫦娥工程"计划的实施，我国又在北京和昆明两地分别设了两个直径 50 米和 40 米的天线，目前为止这是国内最大的天线。这样在我国本土上，可以用 4 个天线交叉干涉对近 40 万千米远的"嫦娥"1 号卫星进行测控。合理布设测量船位和积极开展国际合作，以此保证调相轨道段重要测控事件的轨道覆盖，而转移轨道段的覆盖率则可以接近 100％。在"嫦娥"1 号卫星长期绕月工作后，由国内一至两个测控站对日常操作和定期的轨道维持进行负责。对"嫦娥"1 号月球卫星的轨道测量手段，在采用传统的 S 频段双向测距和测速技术的同时，还可采用甚长基线干涉仪差分测量技术，这样对"嫦娥"1 号月球卫星的地面导航能力有很大提高。

5. 地面应用系统：该系统专门对"嫦娥"1 号探测到的信息进行处理、实际应用和应用研究。负责月球探测卫星任务的规划、探测数据的接收、解译、探测数据的科学研究等，只有依据地面应用系统的研究，才能把探测数据真正转化为科学发现，推动空间科学的发展。该系统分为数据接收、运行管理、数据预处理、数据管理、科学应用与研究 5 个分系统。

"嫦娥工程"的关键技术解读

"嫦娥工程"首次对地球以外的星体进行近距离探测，是中国航天走得更远，迈向深空探测的第一步，也是很关键的一步，面临着许多关键技术和难题。

总体设计技术："嫦娥工程"是一项很复杂的，并且涉及很多学科领域的系统工程，总体方案涉及可行性论证与设计、相关技术分析和预研究、明确研制任务的分工、制定卫星研制规范、轨道设计、卫星可靠性与安全性分析等多个方面。因为中国是首次开展月球探测工程，对地球至月球遥远距离、月球恶劣的环境了解很少，所以大型月球探测工程之间如何协调匹配等，都是对"嫦娥工程"总体设计技术的严峻考验和检验。

"嫦娥"1 号卫星研制技术：怎样确保"嫦娥"1 号卫星顺利完成多次轨道调整、姿态机动和进入月球轨道的机动；怎样在地球、月球、卫星三体运动条件下，对卫星轨道进行设计；怎样适应月球卫星运行空间的复杂环境，并且保证卫星及各设备可靠性；卫星飞离地球，如何突破远距离通信技术问题等等，都必须依靠我国以往卫星研制技术成功经验和已有卫星的平台，然后依据月球探测任务的需要，进行大量的技术创新，突破许多关键技术。

1. 深空探测地面应用相关技术

从月球上探测得到的数据都是数字信号，传到地面后，在将数字信号转换后，将采集到的样品整理成一整套的分析系统，才可以得出最终研究成果。因此，需要建立更大型的地面测控站，建立适应工程需要的地面应用相关技术系统，完成对卫星有效载荷的在轨运行控制与探测任务管理、科学探测数据的接收与处理、科学探测产品的生成与共享管理、探测产品的应用研究与月球科学知识普及等。

2. 科学探测仪器相关技术

在"嫦娥"1号月球探测卫星上安装有7种探测设备。包括CCD立体相机、成像光谱仪、激光高度计、伽马X射线谱仪、微波探测仪、太阳高能粒子探测器、太阳风离子探测器等。其中，CCD相机和激光高度计主要负责月球表面照相。干涉成像光谱仪是利用不同物体具有不同的光谱特性曲线成像的一种相机，负责月球表面矿务组成与岩石类型的探测成像，进行多光谱遥感。伽马Y射线谱仪主要负责月球表面元素含量分布的探测，从而，完成月球表面物质类型和资源分布的任务。微波探测仪利用不同的频段微波在月球土壤中穿透深度不同的特点，对月球土壤特定频段微波辐射的亮温进行测量，编制月球表面亮度、温度分布图，判断月球表面不同地区月壤的厚度信息，计算月球土壤中氦－3的资源量。太阳、地球、月球空间环境能在不同程度上影响人类的生存与发展。太阳耀斑和日冕物质抛射会释放出巨大的能量和物质，在制约着地球空间的月球表面的环境的同时，还将对人类健康和航天活动造成重要影响。环境到底怎样，会产生多大影响，这个任务要由太阳高能粒子探测器、太阳风离子探测器来完成。

3. 软着陆控制技术

月球大气密度比地球大气的密度大约小 14 个数量级，因此，人们通常以为月球没有大气。月球表面是松软的月壤层，如果不对陆器着陆速度进行控制，探测器就会被摔碎。由于月球没有空气，探测器在月球上软着陆不能使用降落伞。从国外的经验看，只能利用携带的反推火箭，让探测器在低速中安全的在月球表面"软着陆"。那么，反推火箭什么时候工作，以多大的速度接近月球可以不损坏探测器，又不使月壤对探测器造成污染等，都需要关键技术解决。

4. 大型运载火箭相关技术

"嫦娥工程"一期工程、二期工程期间，所有卫星携带的设备不多，所以"长征"3 号运载火箭可以完全将卫星送入轨道。而"嫦娥工程"三期工程要让着陆器在月面上着陆和采样返回，携带的设备将增加很多，再加上返回舱，"长征"3 号火箭的运载能力可能不够，因此，需要研制更大运载能力的新型火箭。实现研制新型大推力无毒无污染运载火箭，使中国运载火箭近地轨道最大运载能力从 9.5 吨一下子提升到 25 吨，地球同步轨道运载能力从 5.2 吨提升到 14 吨的目标，需要许多关键突破。

5. 月面巡视探测器（月球车）技术

探测器登月探测要通过月球车来实现。在月球复杂的地形和恶劣的环境里，月球车采用哪种结构、哪种材

月球车

料，月球车如何行走和工作，如何控制温度，度过月球上的黑夜，如何实现与地球适时可靠的通信，如何获得持久的电能，如何进行必要的防护等都面临着巨大的挑战。

6. 采样与自动返回控制技术

月球车在月球表面工作完成任务后，就要返回地球了，如何收集采集到的标本样品，如何将这些样品放进返回舱里；返回舱在月球上起飞，除了少数指令外，其他都要在无人条件下自主完成。这些动作非常复杂，需要攻克月球返回舱的轨道控制、通信等关键技术。

总之，"嫦娥工程"的开展，不但是对我国航天技术发展的一次检验，而且是中国航天技术的一次提升，中国航天完全有能力在现有的基础上，通过持续不断的技术创新和开拓，使"嫦娥奔月"的梦想付诸现实，使中国步入世界月球国家的行列，突破中国深空探测"零"的记录。

为了让我国"嫦娥工程"进入家家户户，通过"嫦娥工程"调动全民族的创新精神、探索精神和科学精神，2005 年 8 月 15 日，国防科工委月球探测中心在北京中华世纪坛正式启动了"月球探测工程标志征集活动"，"嫦娥工程"是一个有着很大号召力的科技创新工程，工程标志代表了"中国探月"所展现的精神力量，向全世界展示了我国科技工作者奋发向上的钻研精神。国防科工委为此专门举行了一个隆重的仪式。

"月球探测工程标志征集活动"中我国首次采用全国征集的方式为重大航天工程设计标志。一时间，全国各大媒体、网站纷纷对这个消息进行了报道，我国月球探测工程将有自己的标志的消息广为传播。月球科学爱好者和关注中国航天发展的各界人员都非常关注这项活动。该活动受到了全国和海内外各界的广泛关注和支持，一大批有设计能力的朋友纷纷拿起笔，为中国月球探测工程设计标志。

截至 2005 年 9 月 10 日，组委会共征集到 1026 份参选作品，这些作品主要来自国内，也有的来自于澳大利亚、德国、

神州探月

美国等国的海外华人和外国友人，在参加标志设计的人中，年龄最小的12岁，最大的70岁。

9月10日～20日，月球探测工程标志征集评审委员会和专家组依据标志征集办法，在经过初选、复选和三选后，在千余件作品中选出了8强作品，并于9月23日正式对外公布。同时，新浪网上启动了全国票选活动，让公众推选自己最喜爱的标志作品。截至10月10日，共收到16826张选票。

10月20日，月球探测工程中心组织标志评选委员会和专家组会议，同时结合全国评选结果和各位领导、专家的意见以及作品延展设计效果，对8强作品进行了综合评价，评选出前3名作品。

10月20日～11月25日，月球探测工程中心组织有关设计专家和前3名作品作者对三甲作品共同进行修改和完善。

12月29日，国防科工委月球探测工程中心将修改后的作品提交到绕月探测工程领导小组，进行审议。

2006年2月10日，长达5个多月的"月球探测工程标志征集活动"终于画上了句号，我国月球探测工程标志名花有主。确定上海设计师顾永江设计的作品作为我国月球探测工程标志，该标志在网络票选中以最高票数获得了网络人气奖。此外，浙江设计师苏志怀和福建设计师林秀杭设计的作品获得了本次征集活动的优秀作品奖。国防科工委专门在月球探测工程中心的演示大厅举办了"月球探测工程标志发布暨颁奖仪式"展示这次活动的成果。

专家认为，上海设计师顾永江设计的标志之所以中选，是因为他设计的标志喻意深刻，主题明确，极富美感。这个标志运用中国书法的笔触，抽象地勾勒出一轮圆月，一双脚踏在其上，象征着月球探测的终极梦境；圆弧的起笔处犹如龙头，象征着中国航天如巨龙腾空而起；落笔的飞门犹如一群和平鸽，表达了我国对空间和平利用的美好愿望。整体图形由一弧两点组成，这个构形非常巧妙地形成了中国古文中的"月"字，写意的笔触传达了一种探索的信念。

放声歌唱的太空嫦娥

1970 年，当我国第一颗人造地球卫星——"东方红"1 号向地面传回《东方红》乐曲时，城乡一片欢腾，到处喜气洋洋，极大地振奋了民族精神。

"从来不蓄湘累问，唤出嫦娥诗与听。"（清·龚自珍诗《夜坐》）在我国第一颗绕月卫星——"嫦娥"1 号飞向月球时，国防科工委就决定在"嫦娥"1 号卫星上，搭载 30 首有代表性的中国优秀文化的乐曲。"嫦娥"1 号卫星进入绕月轨道以后，从距地球 38 万千米之外的遥远太空，向地面传回优美动听的乐曲。

为了满足全球华人共同参与这项伟大工程的意愿，国防科工委与中央电视台、中国音乐家协会和中国音乐著作权协会等相关部门一起，共同组成了"嫦娥"1 号卫星播放乐曲评选委员会，对"嫦娥"1 号卫星播放歌曲展开评选活动。该活动将中华夏儿女的智慧集中在中国乐曲的海洋里，将选出一组最能表达中华民族崇尚科学、探索自然、追求真理、爱好和平、热爱生活的优秀曲目，由"嫦娥"1 号卫星搭载进入月球。

中国人的声音和中华民族的优秀文化作品在太空中回荡，展示了中华文化之美的同时，提升了中华文化的影响力。

通过全国各地群众的投票评选和专家评审，最终选定了 30 首曲目，由"嫦娥"1 号卫星搭载进入太空。这些歌曲包含了歌唱祖国、赞美黄河长江、咏月、我国第一批非物质文化遗产、经典戏曲、港澳台及海外华人心声等题材和内容。

"嫦娥"1 号卫星在 2007 年 10 月 24 日 18 时 04 分发射升空，大约经历 14 天的飞行后，在 2007 年 11 月 7 日进入环月工作轨道。2007 年 11 月下旬，"嫦娥"1 号首先传回第一首歌曲，地球上的人首次通过电视和广播，收听到来自 38 万千米之外的"嫦娥"1 号卫星发回的音乐。

神
州
探
月

1. 集中民族智慧选定的 30 首歌曲

"嫦娥工程"的开展，被社会各界广泛关注。为了让全球华人全部参与这项伟大工程，2006 年，国防科工委提出了 152 首候选曲目，联合中央电视台、中国音乐家协会共同组织了"嫦娥" 1 号卫星播放歌曲评选活动，希望集中华夏儿女的智慧，在中国乐曲的海洋里选出一组最能表达中国人崇尚科学、探索自然、追求真理、爱好和平、热爱生活的优秀曲目，由"嫦娥" 1 号搭载飞天，让中国人的声音，让中华民族的优秀文化作品回荡在太空中，在歌颂伟大祖国的同时，起到振奋民族精神的作用，进而弘扬中华传统文化。从而展示中华文化之美，将中华文化的影响力提升。

2006 年 10 月 6 日，在这个传统的节日里——中秋节，国防科工委联合中央电视台、中国音乐家协会共同组织的我国第一颗人造月球卫星"嫦娥" 1 号播放歌曲评选活动圆满落幕，在公众投票的基础上，评委会最后选定了 30 首曲目。它们是：《但愿人长久》、《谁不说俺家乡好》、《爱我中华》、《歌唱祖国》、《梁山伯与祝英台》、《我的祖国》、《走进新时代》、《二泉映月》、《黄河颂》、《青藏高原》、《长江之歌》、《在希望的田野上》、《春天的故事》、《七子之歌》、《我的中国心》、《高山流水》、《草原上升起不落的太阳》、《阿里山姑娘》、《贵妃醉酒》选段、《难忘今宵》、《歌声与微笑》、《春节序曲》、《半个月球爬上来》、《游园惊梦》选段、《富饶辽阔的阿拉善》、《良宵》、《十二木卡姆选曲》、《东方之珠》、《在那遥远的地方》、《我是中国人》。

37 年前，当我国第一颗人造地球卫星"东方红" 1 号传回《东方红》乐曲时，全国上下欢声一片。在我国第一颗人造月球卫星"嫦娥" 1 号绕月飞行时，这些涵盖了中华音乐精华的 30 首歌曲，将原汁原味地从太空传来。

在这组歌曲中，既代表了月球与人类关系，又充分表达了中华民族情感的是一首《但愿人长久》。参与评选活动的音乐界专家认为，这曲《但愿人长久》非常贴切地表达了中国人民热爱祖国、热爱生活、热爱和平、探索自然、崇尚真理的美好追求和高尚情操，并且充分展示了中华文化之美，提升了中华文化的影响力。

入选的这些歌曲中一个显著特点是都有浓厚的民族特色，在入选歌曲中，《富饶辽阔的阿拉善》是唯一一首用蒙古语演唱的阿拉善地区的古老民歌，这首蒙古长调，节奏缓慢，在当地是民间宴会上法定演唱的歌曲之一，和阿拉善的历史一样长，有两三百年。有着 27 万平方千米大地的阿拉善，虽然现在布满沙漠戈壁，但曾经这里是个富饶辽阔，水草丰美地方。近半个世纪以来，阿拉善为我国的航天事业作出了很大奉献。尤其是从"神舟" 1 号到"神舟" 6 号的发射，阿拉善更加引世人瞩目，这里也被称为"神舟升起的地方"。《富饶辽阔的阿拉善》的入选，是浓郁民族特色和航天高科技相结合的体现。此次入选的 30 首歌曲内还有另一首内蒙歌曲《草原上升起不落的太阳》。

值得一提的是，我国的国歌《义勇军进行曲》和曾由我国第一颗人造地球卫星"东方红" 1 号在太空奏响的《东方红》乐曲，由于其特殊的地位，也将与这 30 首歌曲一起在"嫦娥" 1 号卫星上搭载播放。

神州探月

2. 太空放歌体现电子、数字技术的巨大跨越

从我国第一颗人造卫星"东方红" 1 号发射成功至今，已过了 37 个年头，科学技术的进步也在"嫦娥" 1 号卫星所搭载播放的这些乐曲里体现出来。

"东方红" 1 号卫星反复向地面播送的只是《东方红》乐曲的前 8 小节，这不是完整的乐曲，旋律原始，没有伴奏，没有人声。与当年"东方红" 1 号卫星播放《东方红》乐曲所不同的是，"嫦娥" 1 号从太空传回的歌曲、戏曲和音乐，不但旋律优美，而且能真切地听出是哪个演员演唱，用的何种乐器演奏，几乎和在地面我们日常听到的没有什么区别。

我国第一颗人造卫星"东方红"1号运行轨道的近地点为439千米、远地点为2384千米。"东方红"1号的运行轨道是个椭圆形，离地球最远处2000多千米，最近处大约400多千米。而"嫦娥"1号卫星，在进入绕月轨道以后，运行轨道呈圆形，远处可达40万千米，距离地球的平均距离有38万千米之多，比"东方红"1号卫星距地球的距离远数百倍乃至数千倍，距离越远，干扰越大，难度也就越大。

这样遥远的距离，在乐曲的播放技术上我们是如何实现跨越的？有关人士做了详细介绍。"嫦娥"1号卫星播放歌曲，是通过一个特殊的存储器，从地面录制一些音乐作品带到卫星上。在卫星进入绕月轨道后，通过这个存储设备和卫星上的传输设备，从遥远的太空将这些音乐传回地面。然后地面接收系统再把这些音乐接收下来并传播出去。因此，从月球轨道上传回来的乐曲，是我国电子技术的一次成功展示。

从"嫦娥"1号卫星传回来的语音材料由播放歌曲和科普知识两个大部分组成，通过拟人化的主持，把各个语音片段衔接起来，形成一个有机的整体。

"嫦娥"1号卫星播放的歌曲内容包括：采用"东方红"1号卫星播放的《东方红》乐曲的原声、评选出的30首歌曲、10首背景音乐、代表国际性的世界音乐经典作品《欢乐颂》和《歌唱祖国》。这些歌曲在有关重要节日和庆典的时候将开始播放。

根据"嫦娥"1号卫星发射和各种在轨工作状态，选择一些有关的科普知识，实时地进行科普宣传。语音材料将用拟人化的方式播出，第一人称"我"代表"嫦娥"1号。

具体的播放语音方案大体设想是：

在卫星成功进入月球轨道的时候，开始用中英文播出：我来了，月球！古老的传说里，几千年前嫦娥曾飞到月宫。今天，我，"嫦娥"1号来了，带着中国的问候："月球，你好！""你好，月球"！

39年前，中国第一颗人造卫星"东方红"1号首次飞上太

空，一曲《东方红》响彻上空，代表了中国航天新纪元的开始。（"东方红"1号卫星播放的原声）

今天，我要以一首古琴曲《高山流水》传递中国人对你的祝福以及全世界人民的问候。播出：《东方红》"东方红"1号卫星原音、《高山流水》。

当卫星传回第一组数据的时候：从离开地球到现在，我一边飞行一边打探着浩渺而神秘的苍穹。现在，我要传回第一组月球探测数据。

卫星传回第一幅照片："今人不见古时月，今月曾经照古人"。千百年来，中国人对月球有着美妙的遐想。飞天的嫦娥是否容颜未改？广寒宫的桂花树是否香飘依旧？现在我把拍到的第一张月球照片传回地面。播出《半个月球爬上来》。

12月20日，澳门回归纪念日：8年前的今天，澳门回归祖国的怀抱，我们重温了《七子之歌》，祝愿澳门在祖国的怀抱里朝气蓬勃，充满活力。播出《七子之歌》。用《七子之歌》祝愿澳门同胞幸福美满，澳门更加繁荣。

2008年1月1日元旦：新的一年又开始了。从东北到西南，从草原到雪域，让我们同声歌唱美好生活。播出《草原上升起不落的太阳》、《青藏高原》。歌声伴随人们共同迎接新的一年，新的憧憬，创造出新的生活。

2月7日春节：我在月球上向大家拜年啦，我要送上一首来自月球的《春节序曲》，祝全国人民合家欢乐，身体健康，万事如意！

3月8日，国际劳动妇女节：今天是全世界女性的节日，在嫦娥工程的研制队伍中有很多的女同胞，在这个专属女性的节日里，我要为全国的女同胞献上一首歌。播出《在那遥远的地方》。

4月22日，世界地球日：月球是美丽而荒凉的，注视着她，我不仅担心我那美丽的家园——地球，有一天会不会也变成这样？爱护我们的地球家园吧，她是养育我们的母亲。播出《谁不说俺家乡好》。

神州探月

5月1日，国际劳动节：今天是"五一"国际劳动节，在这个日子里，我要为所有劳动者们送上一首歌。播出《在希望的田野上》。歌声表达了"嫦娥工程"研制者向劳动者致以节日的问候，同时，也表明"嫦娥工程"是我们辛勤劳动的结果，是面向世界热爱劳动与和平人们开放的工程。

6月1日，国际儿童节：今天是"六一"国际儿童节，我在太空中祝愿世界各国的小朋友们节日快乐，祝福小朋友们健康成长。播出《歌声与微笑》。

6月8日，端午节：今天是端午节，是纪念伟大的中国诗人屈原的日子。早在2000多年前，屈原就在诗篇《天问》中问到"日月安属？列星安陈？"今天我来了，为先人们寻求答案。播出《游园惊梦》、《十二木卡姆选曲》、《富饶辽阔的阿拉善》。

6月14日，世界献血日：今天是世界献血日，让我们伸出爱的双臂，奉献出我们的赤诚，希望世界充满爱。播出背景音乐《让世界充满爱》。鼓舞大家在这个被爱包围的日子里，伸出爱的双臂，将我们的爱无私地奉献，让世界充满爱。

6月29日，全国科普行动日：今天是全国科普行动日。没有科学的发展，我就只能在幻想中亲近月球。让我们所有人在科学思想和科学精神的指导下学习科学知识，构建一个和谐的社会。倡导热爱科学勇于探索精神，是我国月球探测工程文化建设的主旨，为使探月工程文化建设的主旨与国家的需要紧密结合起来。

7月1日，中国共产党成立纪念日：今天是中国共产党的生日，87年来，共产党带领中国人民取得了一次又一次的胜利，创造了一个又一个的辉煌，我祝愿党青春永驻，带领中国永远向前。播出《歌唱祖国》。歌曲展示出党的光辉历程，象征着中国人前进的脚步将像春天一样更加充满勃勃生机。

7月1日，香港回归纪念日：今天，香港这颗耀眼夺目的东方之珠回到祖国怀抱已经11年了，我祝愿香港的明天更美好。播出《东方之珠》。以此表达全球华人希望祖国强大的心声。

8月1日，中国人民解放军建军节：今天是中国人民解放军建军节，在遥远的月球上，每当我回望美丽的家乡，都能看到勇敢的人民解放军战士日夜守卫着我们的祖国。在他们的保卫下，我们的祖国才有了

1997年6月30日晚，中英双方代表在香港回归交接仪式结束后合照

安详与繁荣，今天，我要送一组歌给我们亲爱的人民解放军。播出《我的祖国》、《黄河颂》、《长江之歌》。歌声对战斗在祖国边防、海岛、哨卡的国家安全的守卫者致以节日的慰问。

8月8日，奥运会开幕。中英文：今天，全世界最灿烂、最夺目的城市是我们伟大祖国的首都——北京！第29届奥运会在北京隆重开幕，绿色奥运、科技奥运和人文奥运的主题将在北京一一实现！中华文明的光彩随着"新北京，新奥运"的理念将展现给世界各国人民！"同一个世界，同一个梦想"，奥林匹克精神将在北京得到最完美演绎。我们祝愿，北京奥运会将成为历史上最伟大的一届奥运会！播出《欢乐颂》。

9月10日，教师节：春蚕到死丝方尽，蜡炬成灰泪始干。老师是人类灵魂的工程师。今天是他们的节日。此刻，我借清风与明月，祝愿天下为人师者平安健康。

9月14日，中秋节：中秋佳节，聚齐了多少中华儿女对亲情的期盼、对故乡的依恋。明月千里寄相思，让我们共赏明月，共盼团圆。播出《阿里山的姑娘》、《但愿人长久》。用此来表达千百年来人们对月球的憧憬和向往，表达对两岸团聚的渴望。

10月1日，国庆节：今天，是中华人民共和国59岁生日，熟悉的国歌声又回荡在我耳边。我祝愿祖国富强繁荣，和谐发展。播出《国歌》。"嫦娥"1号在遥远的另一个星球，祝贺祖国生日，祝愿祖国昌盛繁荣。

神州探月

10月7日，重阳节：今天是重阳节，我祝愿所有的老人们健康长寿。2008年10月卫星完成任务前：经过一年的太空遨游，我的任务已经结束。我祝愿在"自主创新、重点跨越、支撑发展、引领未来"的方针指导下，中国的探月工程创造出更多辉煌。

同时，"嫦娥"1号还将在我国重大文化活动时进行宣传活动，如在植树节号召公众关注环境，在世界环境日号召公众爱护地球，保护环境，等等。

3. 实现传播科学知识和展示探月文化的有机结合

播放歌曲的同时，每当"嫦娥"1号卫星绕月运行过程中的一些重大动作即将开始或完成后，主创人员将及时地穿插大量的与月球探测、月球卫星相关的知识。

比如：在卫星成功渡过月食的时候，我们就能听到：'嫦娥'1号的声音："我要向祖国报告，'嫦娥'1号已经安全度过了在月球上的第一个寒冷漫长的黑夜——月食。"为了感谢工程技术人员给我一个健壮的体格，我将为他们送上两首歌。接下来你会听到《二泉映月》、《半个月球爬上来》的优美旋律。

当"嫦娥"1号卫星进行正飞侧飞的时候，"嫦娥"1号报告："今天我又完成了一个高难动作，为了保持充足的能量、充足的光照，我已经从正飞转入到侧飞状态。"接着，开始讲解为什么要将卫星从正飞状态转入侧飞状态。

2008年10月，在"嫦娥"1号卫星完成任务前，"嫦娥"1号将宣布，经过一年的努力，目前她的探测任务已经完成，我们成功地向深空探测迈出了第一步，她还将为我们展望"嫦娥工程"二期和三期计划，展示我国月球探测的美好前景。

这些设计包含了国防科工委有关部门主创人员的智慧和心血，真可谓别出心裁。

为了使这一创意更加完美，主创人员还多次与"嫦娥"1号卫星总设计师、应用系统设计师以及有关专家进行沟通，不断丰富修改计划和安排，使其达到完美融合，巧妙布局，精心构思，实现了最佳效果。

第五章 "嫦娥" 1 号卫星解读

"嫦娥工程" 的研制历程

我们知道，到目前为止，我国研制发射的各类卫星都是在地球引力场范围内运行的空间飞行器，也就是说，这些卫星依然是在地球引力的范围内运行，而"嫦娥" 1 号卫星是我国首次为脱离地球引力场研制的空间飞行器，它的研制，不仅对我国卫星研制者有极大的挑战，也跨越了我国卫星研制技术。

"嫦娥" 1 号卫星揭开了中国"嫦娥工程"的大幕。如果说"嫦娥工程"中的五大系统缺一不可的话，那么，"嫦娥" 1 号就是整个工程的重中之重。因为，一方面，奔向 38 万千米的月球靠它，对月球进行拍照探测靠它，向地球传回图像照片还靠它，没有它，"嫦娥工程"就无从谈起。另一方面，"嫦娥" 1 号卫星系统不仅有不同于其他系统的特点，而且任务全新，挑战巨大，技术创新项目很多。

太空环境复杂，存在很多未知的因素，地球到月球之间和环月球轨道上十分恶劣的环境，对航天器的影响很大，卫星在这样的环境里运行，充满着危险。只有突破关键技术难点，才能确保"嫦娥" 1 号卫星研制质量和可靠性，这关系到整个"嫦娥工程"的成败。

2002 年 4 月"嫦娥" 1 号卫星转入预发展阶段，开始进行卫星的方案设计工作。承担卫星研制任务的中国航天科技集团公司中国空间技术研究院研制队伍在前期论证的基础上，集中于"嫦娥" 1 号卫星所担负的使命，通过对用户需求分析和与其他四大系统的协调，开展卫星总体方案论证和各分系统的方案设计工作，确定卫星的主要技术指标，并迅速完成了卫星方案的细化和指标的分解工作，在此基础上，对卫星各分系统的接口技术要求进行协调，明确了初样产品的技术状态。同时，对卫星的轨道设计、制导导航与控制系统方案设计、测控系统方案设计、紫外敏感器和定向天线等关键技术的攻关工作重点展开。

2002 年 9 月，"嫦娥" 1 号卫星各分系统方案的设计评审通过。2002 年 11 月，在中国空间技术研究院专家挑剔的目光中，"嫦娥" 1 号卫星总体设计方案通过了专家的审查。2003 年底 "嫦娥" 1 号卫星研制队伍完成了卫星初样初步设计工作和初步设计评审；2004 年初，卫星各分系统开始转入详细设计阶段。2004 年 3 月，为了进行了大系统间技术协调，国防科工委组织召开了 "绕月探测工程第一次工作会和大总体协调会"。

2004 年 4 月，国防科工委下发了研制总要求，自此，研制队伍按照温家宝总理 "精心组织、团结协作"、"高标准、高质量、高效率地完成绕月探测工程任务" 的指示，在国防科工委及集团公司的领导下，对 "嫦娥" 1 号卫星的研制工作开始展开。

2004 年 7 月 1 日开始，"嫦娥" 1 号卫星投入初样研制，18 个月后，研制工作突破了许多关键技术和试验验证工作，于 2005 年 12 月 9 日完成整星转正样评审。

2005 年 12 月，"嫦娥" 1 号卫星开始转入正样阶段研制。2006 年 1 月至 5 月正样星部装、管路焊接、分系统联试、星上产品验收及正样星总装完成。2006 年 5 月以来，彻底完成了各种测试试验和演练。

2007 年 1 月 19 日，在研制流程规定的各项工作完成后，"嫦娥" 1 号卫星迎来了奔赴发射场前集团公司级和国防科工委级的 "大考"。

以工程总设计师孙家栋院士为组长、工程总指挥栾恩杰、首席科学家欧阳自远院士等 28 位专家组成的评审组在听取了卫星出厂研制预质量报告、质量监督代表的意见后，根据月球探测卫星的特点，对奔月轨道设计、热设计等关键问题提出了质疑，叶培建总设计师等分别给予了解答。评审组认为，"嫦娥"1号卫星已完成了正样研制流程规定的全部工作，它的卫星技术状态、功能和性能都满足了工程大总体提出的要求；研制过程中质量受控，出现的问题也都按规定要求进行了归零和分析工作，其他型号出现的问题已经过了举一反三工作，最后确定卫星质量状态良好，同意通过出厂评审。

假如从卫星方案设计算起，"嫦娥"1号卫星研制前前后后共花了5年的时间。但是从"嫦娥工程"正式立项，到卫星开始工程研制算起，实际研制只花了3年多时间。

按照国务院和国防科工委的要求，"嫦娥工程"一期工程定在2007年正式实施，根据技术要求，"嫦娥"1号卫星的发射窗口有两个，一个是在2007年4月，另一个是在2007年10月。而"嫦娥"1号卫星和工程的其他大系统都是按照在2007年4月发射这个窗口做准备的。为了进一步提升"嫦娥"1号卫星的质量，使我国首次探月获得圆满成功，让"嫦娥工程"有一个良好的开端，国防科工委和"嫦娥工程"领导决定，把"嫦娥"1号卫星的发射窗口调整到下半年发射。

2007年8月3日，"嫦娥"1号卫星发射窗口调整后整星通过了国防科工委的出厂审定，以"嫦娥工程"总指挥兼总设计师孙家栋为组长的评审委员会成员，听取了"嫦娥"1号卫星发射窗口调整后的出厂研制与质量报告，在对相关问题进行了质疑以及现场把关后认为，"嫦娥"1号卫星完成了发射窗口调整后研制流程规定的所有工作和试验、验证与测试工作，卫星技术和质量状态受控，状态良好，满足要求，同意通过出厂评审。至此，卫星研制工作宣告结束，整个队伍继续待命。

"嫦娥"1号挑战在哪里

"嫦娥"1号卫星是我国第一次研制脱离地球引力场的飞行器。对于一般的地球卫星来说，它具有自己的特点，卫星的研制给我国卫星研制工程提出了很多的新挑战。主要表现在以下几方面：

1. 卫星运行轨道是一个特殊的轨道

我们知道，将人造地球卫星按照用途可分为距地球 200～300 千米高度的低轨道卫星、距地球 1000 千米左右高度的太阳同步轨道卫星和距地球 36000 千米高度的地球静止轨道卫星。"嫦娥" 1 号卫星的运行轨道与这些卫星不同，它的轨道有其自身的特点。

"嫦娥" 1 号卫星首先由运载火箭送入地球大椭圆轨道，当卫星与运载火箭分离后，利用自身的推进系统三次加速，进入地球至月球转移轨道，同时，卫星必须进行多次轨道调整和姿态机动，以保证能够准确地被月球引力所捕获。卫星在地球至月球转移轨道运行 4～5 天后，进入月球捕获轨道，开始三次制动，依次经过三个不同轨道阶段进入月球的目标轨道，完成预定的任务。卫星从发射到进入月球目标轨道需要 8～9 天。

由于地球、月球和卫星都在运动，在地球、月球、卫星三体运动条件下，"嫦娥" 1 号卫星的轨道设计，与以往的地球和卫星相比它的运动条件下和设计更为复杂。"嫦娥" 1 号卫星脱离地球引力飞向月球的过程是沿着一条精心设计的地球至月球转移轨道飞行的，这一复杂的过程由主动段、调相轨道段、地球至月球转移轨道段、环月轨道段等四个不同的轨道段。跟其他低轨和高轨卫星相比，"嫦娥" 1 号卫星各飞行阶段的飞行程序更加复杂，这些复杂的程序给测控、变轨、能源、热控等方面提出了更高的要求。由于卫星有轨道交会的要求，卫星的发射日期和发射窗口选择都有较大的限制。

"嫦娥" 1 号卫星科学探测的目的是全面了解月球的相关信息，同时对月面进行探测，尤其是对月球南北两极的探测，所以卫星的环绕月球飞行过程中轨道的设计更为重要，因此，我国科学家在确定 "嫦娥" 1 号卫星运行轨道的时候，选择了极月轨道，就是轨道相对月球赤道的倾角为 90°。为使沿整个轨道所获得的遥感图像都相同的分辨率，而采用了圆轨道。为使图像的分辨率提高，尽量选择较低的轨道高度，我国 "嫦娥" 1 号卫星轨道高度为 200 千米。

2. 卫星三体定向技术面临考验

卫星在环绕月球飞行期间，姿态必须对月球、地球和太阳三个天体定向，各种探测器必须对准月面，以完成科学探测任务；卫星发射和接收天线必须对地球定向，以将科学数据传回地球，供地面应用系统研究；卫星的太阳能帆板必须对太阳定向；为了使太阳电池阵最多地获得日照，卫星必须采取正飞和侧飞两种姿态，以保证获得正常工作所需要的电能，但是这样做的同时也使卫星姿态控制的附加要求和能量要求增多。在卫星运行期间，月、地、日三个天体都是相对运动的，三体定向是一项很复杂的定向技术，需要用精确的姿态控制技术。同时，月球的引力场与地球引力场有很大的不同，因此，卫星的轨道动力学特性，轨道控制与姿态控制的设计要求和设计方案与地球卫星相比，有很大的差别。需要在卫星整体布局、质量分布、多轴控制跟踪等方面进行大量新的理论研究和技术创新，这给许多工程实践带来巨大挑战。

神州探月

3. 对卫星控制系统的设计和可靠性提出了更高的要求

"嫦娥"1号卫星在奔赴月球的过程中，会经过主动段、调相轨道段、地月转移轨道段、环月轨道段等过程，在卫星飞行过程中的几个关键变轨点处，卫星的姿态和轨道控制一定要及时、准确和可靠，特别是近月制动阶段，这是"嫦娥"1号卫星飞行任务中的最重要的环节，必须确保系统的可靠性和准确性。由于"嫦娥"1号卫星需要轨道交会，所以确保卫星在转移轨道的远地点与月球交汇，保持卫星轨道高度的任务便非常艰巨；由于月球引力场非常复杂，使碍卫星的轨道极不稳定，近月点的高度会有很大的变化，卫星在环月飞行中的轨道越低这种变化越明显，如果控制技术不够好，可能会导致卫星坠入月面，在对卫星进行姿态控制中，这种大幅度改变卫星的运行轨道在过去从没有遇到过。

4. 对卫星电源和热控设计提出了新的要求

"嫦娥"1号卫星在绕月飞行和探测过程中，会遇到近月空间各种复杂的环境，而这些环境对卫星的性能、可靠性和工作寿命都会产生影响。在卫星经历主动段、调相轨道阶段、地月转移轨道阶段、环月正飞/侧飞等阶段过程中，星上设备有多种工作模式，并且月球反照、红外辐射会根据轨不同阶段及发射的时机不同而发生较大变化，此外，环月卫星与太阳的相对位置变化也很大。上述因素的综合影响，给卫星的热控设计增加了很大的难度。

同时，专家认为，月球环境也是"嫦娥"1号卫星热控设计中必须关注和重视的重大制约因素。"嫦娥"1号卫星与已往研制的卫星相比其所处的空间环境有很大的不同，在转移轨道上经受的地球空间自然环境以及在环月轨道上经受的月球空间自然环境，都有巨大的不同，例如：地球至月球空间的强辐照环境对卫星上的电子元器件会产生非常大的影响；月球对日面、背面条件下的温度变化在130℃～－183℃之间，所以，对探测器的温度控制有更高的要求，要使卫星适应这种不同的环境，保持稳定可靠地工作，卫星上的设备必须存在多种工作模式，同时对卫星及各设备的环境适应性、可靠性提出了更高的要求。同时，环月卫星与太阳的相对位置变化非常大，阳光对轨道面的照射方向在一年内变化了360°，这种因素使卫星上存在了复杂多变的内热源和外热流，这种状况使卫星的电源和热控设计增加了很大的难度。

另外，月食对"嫦娥"1号卫星的温度也产生了重要的影响。月食是在月球进入地球影子时发生的现象。影子有本影、半影之分，半影围绕在本影外面。本影区内没有丝毫的阳光直射，半影区内只有部分阳光直射。月食时，月球正面的太阳直接辐射能、月表反射能和月表红外辐射能都会减少，而同时，由于太阳电池供电减少，能源短缺，能用来给设备加热的电能也很有限。准确地了解月食时月表的太阳辐照和温度，对"嫦娥"1号卫星的热设计和热分析以及应对方案的制订有非常重要的意义。

5. 对卫星的测控与通信技术提出了更高的要求

"嫦娥"1号卫星飞离地球，到九天揽月，连接它与地球的是看不见的通信信号，必须保证地面对卫星的适时监控、指挥，要"看"得见，"测"得上，"控"得准，这是"嫦娥工程"取得成功的一个关键要素。此前，我国发射成功的地球静止轨道通信卫星测控距离约为4万千米，中国和欧洲联合进行的地球空间双星探测项目测控距离大约为离地球8万千米。而地球至月球之间距离约38万千米，遥远的距离，让测控信号的空间衰减增大，而且月球探测卫星的入轨过程，比中低轨道卫星和地球同步轨道卫星更加复杂，这个过程中的测控任务对测控系统提出了非常高的要求，测控系统的传输能力必须达到足够远的距离，给测控系统的能力带来很大的挑战；另外，卫星在飞往月球的过程中和在轨运行期间的姿态，地面一定要随时观测和掌握，测控一定要保证主要测控手段的可观可控。但是，中国本土东西跨度只有5000千米，主要采用航天测控网和天文观测网相结合完成。在整个入轨过程中的测控任务，需对远距离通信问题进行突破，这对卫星的测控系统有着更高的要求。

6. 空间环境对卫星防护设计提出了很高的要求

卫星在转移轨道上经受的地球空间的自然环境，以及在环月轨道上经受的月球空间自然环境，与常规卫星的空间环境有很大的差别。

空间等离子体影响着卫星通信和电源系统。地球磁层等离子体、太阳风可能引起星体表面充放电。地球辐射带粒子、太阳宇宙射线、银河宇宙射线引起总剂量效应和单粒子效应以及卫星内部充放电效应；地球磁场会对航天器姿态产生影响；太阳电磁辐射使卫星表面材料性能产生变化。

除了粒子辐照外，还有软X射线和紫外线。软X射线和紫外线也会对表面涂层和光学器件产生影响，会让光学材料退化。

神州探月

上述各种各样的技术挑战使得"嫦娥"1号卫星的研制成为我国"嫦娥工程"中最关键的一步，事关"嫦娥工程"的成败。

"嫦娥"1号研制的指导思想

"嫦娥工程"总体对"嫦娥"1号卫星提出了"精确变轨、绕月飞行、有效探测、一年寿命"的目标。

在"嫦娥"1号卫星的工程研制中，我国航天科技工作者根据"快、好、省"的原则，依据我国目前的科学技术水平，充分利用我国应用卫星研制的成功经验和成果，将经过太空飞行试验检验的卫星各分系统的硬件和软件最大限度地采用，并针对卫星环绕月球飞行的特点，做了大量必要的适应性修改和创新。在总指挥兼总设计师叶培建院士的带领下，依据月球探测任务和有效载荷的要求，开展技术创新，精心打造了一颗全新的、具有高水平的卫星。

为了能够实现工程总体提出的工程目标，以便出色地完成各项探测任务，研制人员将可靠性、安全性放在了最重要的地位。为实现多次轨道机动和在各种复杂的环境下卫星可以顺利运行，工程技术人员在"嫦娥"1号卫星的设计中，遵循和贯彻了一系列可靠性设计原则，采用了大量的技术，将卫星的可靠性极大地增强。

首先，尽可能地简化设计。按照简单实用可靠的原则，"嫦娥"1号卫星在初样设计中，将系统配置，硬件和软件的数量和规模尽可能地简化减少。

其次，坚持了技术的继承性以及产品的通用化、系列化和组合化的"三化"原则，最大程度地采用了"三化"产品或经过空间飞行考验的硬件、软件和成熟技术。选择了许多卫星的成熟部件，并根据"嫦娥"1号卫星的特殊应用做了不同程度的修改和优化设计，实施了新技术必须经过验证的做法。

第三，进行了冗余和容错设计。采取充分和合理的硬件和软件的冗余和容错设计，将系统的可靠性大大提高。

第四，进行了耐环境的设计等。

"嫦娥"1号卫星的结构组成

"嫦娥"1号卫星是在我国以往卫星工程研制的经验的基础上，经过大量的适应性修改，根据任务进行技术创新研制的我国第一颗月球探测卫星。

卫星平台具有很大的承载、适应性修改和可扩充能力，它的构型布局能满足月球探测有效载荷的需求，整个平台的推进系统携带的燃料，在保证卫星从地球到月球转移轨道和环月轨道过程中多次变轨机动的同时，可用于进一步的科学试验，完全能满足月球探测卫星的需求。

"嫦娥"1号卫星结构由上舱和下舱两大部分组成，其中上舱主要用于对月探测有效载荷设备的安装和部分卫星平台设备的安装。下舱主要用于对蓄电池、电源控制器及控制分系统设备的安装。

"嫦娥"1号卫星重量 2350 千克，设计寿命 1 年。卫星由 9 个分系统组成。分别是：有效载荷分系统、结构分系统、热控分系统、制导导航与控制分系统、推进分系统、供配电分系统、数据管理分系统、测控数传分系统、定向天线分系统。

"嫦娥"1号卫星各系统的组成及功能

1. 有效载荷分系统

"嫦娥"1号卫星的有效载荷分系统由 5 类科学探测设备和有效载荷数据管理子系统 6 类载荷组成，共有 25 台设备。这些科学探测设备的主要任务有：获取月球表面的立体图像、多光谱图像以及地形高度数据、探测月壤厚度和有用元素的含量和分布、探测地月空间环境。有效载荷数据管理子系统的主要任务有：完成科学探测数据的采集、存储处理任务、完成有效载荷的在轨管理。"嫦娥"1号卫星对月球表面三维影像进行探测，主要靠光学成像探测系统。CCD 立体相机有着获取月表同一目标的星下点、前视、后视，获取三幅二维原始数据图像的能力，分别经辐射定标（绝对定标）修正后，根据精密定轨后所取得的月心坐标系中摄像坐标位置和摄像时刻的卫星姿态信息重构月表三维立体影像。这项任务由卫星上现代的 CCD 相机和激光高度计一起来完成。CCD 立体相机沿飞行方向对月表目标进行推扫，能得到月球表面目标三个不同角度的图像，图像的分辨率为 120 米。激光高度计用来专门测量卫星到星下点月球表面的距离，它的激光测距分辨率为 1 米。"嫦娥" 1 号卫星绕月球两极圆轨道进行探测，把两种设备配合使用，能了解月球地形地貌，得到完整的月球三维地图，为后续优选软着陆地址提供参考依据，可以更好地了解月球的地质构造和演化历史。

干涉成像光谱仪是一种专门利用不同物体具有不同的光谱特性曲线成像的相机，可以对月面进行多光谱遥感。

由于干涉成像光谱仪的像元分辨率和 CCD 相机的像元分辨率间有一定比例，且两类遥感设备可以一起对月面目标进行成像拍摄，因此，在得到立体成像月面数字形貌模型的基础上填注专题要素信息的基础上，完成对区域性的资源和物质特性的调查。

为获取高程数据，使月面数字形貌模型得到精化，卫星配置激光高度计，与卫星轨道参数结合起来，为三维立体成像提供高程参数。

（1）Y/X 射线探测：Y/X 射线谱仪探测月表元素受宇宙射线激发产生的 Y 射线和荧光 X 射线能谱，通过对数据处理来取得月表主要元素的含量和分布，从而对月球表面位置类型和资源分布进行确定。由于宇宙线与元素相互作用产生的 Y/X 射线强度非常

宇航员在月球表面

有限，因此要得到较好的统计精度，需要 Y/X 射线谱仪保持高探测效率和较长的采样时间，累加数月甚至一年。"嫦娥" 1 号将对月面钛和铁等 14 种可能有开发利用前景的重要元素的分布特点和规律进行探测，并初步编制各元素的月面分布图。这些任务由 Y/X 射线谱仪联合来完成。

（2）微波探测仪：利用不同频段微波在月壤中穿透深度不同的特点，通过对月壤特定频段微波辐射亮温的测量，反演出月表不同地区月壤的厚度信息。主要用来评估月壤与氦－3 资源。

（3）空间环境探测：采用太阳高能粒子探测器和离子探测器对地月空间环境进行探测，主要对太阳风中的重离子成分、质子能谱、低能离子成分及其空间分布进行探测。

2. 结构分系统

卫星结构用来支撑和固定卫星的各种设备、仪器，使它们构成一个整体，用来承受地面运输、卫星发射和空间运行时的各种力学和空间运行环境。"嫦娥" 1 号卫星的主结构由中心承力筒和 28 块蜂窝夹层板组成的一个长方体箱形结构组成。结构组成和形式延伸了 "东方红" 3 号平台的中心承力筒加蜂窝板的形式。

3. 热控分系统

热控分系统采用主动和被动热控技术保证寿命期内卫星有效载荷系统及其他各分系统的仪器设备温度要求。它主要由热控涂层、隔热材料、电加热器、传感器、热管、热控电性产品等部分组成。因为热设计边界条件复杂，系统更多地采用了主动控温设计。加热器的通断控制由数管分系统完成。

4. 制导导航与控制分系统

制导导航与控制分系统包括敏感器部件、执行机构部件和控制器等部件。它的任务主要是：完成卫星奔月过程所需的多种姿态的变换和控制，实现卫星对月定向的三轴稳定姿态、太阳帆板对日定向跟踪、定向天线对地定向。

5. 推进分系统

推进分系统采用了双组元统一推进系统，它的任务主要是：与制导导航分系统配合，在从星箭分离开始到卫星寿命终了的时间内，向卫星提供变换和保持各种运行姿态，进行轨道控制和修正所需的动力。

6. 供配电分系统

供配电分系统由一次电源、二次电源和总体电路等组成，一次电源采用了太阳翼—蓄电池组联合电源，为卫星产生、贮存和调节电能，用来满足卫星在整个飞行过程中的供电需求；二次电源采用分散供电的方式，把卫星的一次母线电压变换成星上各分系统及设备所需要的电压；在总体电路实现星上一次电源分配和控制，以及对火工品的管理和控制。

7. 数据管理分系统

数据管理分系统包括二级分布式容错计算机系统，由中央单元、远置单元和遥控单元，以及一套双冗余的串行数据总线和数管分系统软件等。用来实现卫星遥测、遥控、程控、星载自主控制、校时等整星控制和管理功能。

8. 测控数传分系统

测控数传分系统包括了星载测控、数传和 VLBI 信标等。给卫星的跟踪测轨、遥控、和遥测提供上、下行 S 波段射频信道；将两个 X 波段信标信号提供给 VLBl 地面站测轨使用；为卫星提供高稳定度的基准时钟；完成科学数据的传输任务。

9. 定向天线分系统

定向天线采用双自由度机构对半空间进行覆盖，给数传下行信道和遥测下行信道提供满足任务要求的天线增益。

"嫦娥"1号的关键技术

目前为止，我国研制发射的各类卫星大多是在地球引力的范围内运行，而"嫦娥"1号卫星是我国第一次研制的脱离地球引力场的空间飞行器，"嫦娥"1号卫星的研制必须要攻克许多关键技术。概括起来主要有以下几点：

1. 轨道设计

轨道设计是绕月探测卫星很关键的一步。分析求解地球至月球转移轨道，建立中途修正的数学模型、方法和编制软件，利用调相轨道扩大发射窗口，环月轨道的超长期性状研究，月球卫星轨道捕获、调整长期运行过程中轨道调整的控制策略和具体方法，月球卫星轨道的测轨预报的精度分析、月球卫星轨道优化设计等都是必须解决的问题。

2. 对月姿态确定技术

为了使有效载荷能正常工作，卫星姿态控制的精度必须非常高。月球表面不像地球有相对稳定的红外辐射场，因此，对月姿态确定不能运用红外敏感器，只能运用其他手段，如紫外敏感器或星敏感器加外推算法。

3. 测控和数据传输

月球探测卫星距离地球遥远，测控通信的自由空间损耗比中低轨道卫星和地球同步轨道卫星高出许多。同时因为我国测控网网站的分布有限，所以，卫星在大部分时候处于不可见的区域。怎样提高卫星上天线的发射增益，在有限的时间内完成测控和科学数据的传输，是必须解决的问题。

4. 星上热控和电源系统的设计

日—地—月三者间的关系和环月轨道决定了一年中卫星与太阳的相对位置的变化，同时月球反照、红外辐射随时间的变化也很大，导致卫星的外热流环境非常复杂。这给热控和电源系统的设计带来了新的问题。由于"嫦娥"1号卫星复杂的飞行阶段和飞行姿态以及月球表面特殊的温度分布，使卫星表面的外热流非常复杂、变化剧烈，给整星的热控设计带来很大困难，使得整星的热控方案与我国以往发射的卫星有很大不同。

能否突破这些关键技术，决定了"嫦娥"1号卫星是否能完成月球探测任务，也决定了"嫦娥工程"的成败。

如何实现在极月圆轨道上飞行和拍照

同地球卫星一样，绕月卫星的轨道按形状可以分为圆轨道和椭圆轨道，按飞行方向可以分为顺行轨道（与月球自转方向相同）、逆行轨道（与月球自转方向相反）、赤道轨道（在月球赤道上空绕月球飞行）以及极轨道（经过月球南北极上空）。

从科学探测的目的和任务来看，为了最大限度地对全月面进行探测，特别是对月球南北两极进行探测，"嫦娥"1号卫星绕月极轨道选择了绕月极轨道的轨道平面与月球赤道平面成90°夹角，在这条轨道上，"嫦娥"1号卫星刚刚能从月球的南北两极上空飞过。由于月球的自转运动，月球每28个地球日转动一圈，因此用28天左右的时间，"嫦娥"1号卫星上的科学探测仪器，就可以对月球进行一次全面的探测。

在绕月飞行过程中，为了让"嫦娥"1号探测仪器在绕月轨道上的任何一处位置都能对月面拍照，同时具有相同的分辨率，轨道高度必须保持稳定，因此"嫦娥"1号卫星选择的工作轨道为圆轨道。

月球卫星离月面越近，上面拍摄仪器的分辨率便越高。那么，为了获得较高的图像分辨率，卫星是不是离月面越近越好呢？事实上不是这样的。

由于月球重力场分布不均匀，有一些质量聚集的"质聚体"存在。在这些质量密集的地方，它的重力加速度会变大，月球卫星的飞行轨道在月球引力场的作用下也会发生变化，从而产生轨道摄动。

要让月球卫星在近月轨道上长时间工作，地面控制人员必须频繁地调整月球卫星的运行轨道，所以轨道维持的压力就比较大。假如月球卫星运行在离月面 100 千米高的轨道上，如果没有轨道维持，那么月球卫星半年内，就可能坠落月面。

如果月球卫星运行在离月面 200 千米高的轨道上，就算不进行轨道维持，也可以运行很长时间，因为"站得高，看得远"。所以对月球的观测面积也较大，综合考虑多种因素，月球卫星理想的绕月轨道高度，应控制在 100～200 千米之内。

在满足完成探月任务的前提下，"嫦娥" 1 号卫星的绕月工作轨道最终确定为 200 千米高的极月圆轨道，运行周期约为 127 分钟。在这一轨道上运行的"嫦娥" 1 号，携带的立体相机，一个月能将全月球（极区除外）覆盖一遍，微波探测仪一个月能将全月球覆盖两遍，星上的干涉成像光谱仪两个月能对全月球（极区除外）覆盖一遍。

运行在 200 千米高的月球轨道上的"嫦娥" 1 号，也会受到月球引力场变化的影响。在这一轨道上，虽然在短期内轨道变化很小，但长周期内变化的幅度就很大了。在经过长时间的飞行后，"嫦娥" 1 号的初始圆轨道，会变成偏心率较大的椭圆轨道，同时近月点也会不断降低。为了让"嫦娥" 1 号顺利完成为期一年的探测任务，仍然需要地面控制人员对它的运行轨道进行控制，从而维持环月工作轨道的正常。

神州探月

通过计算和分析，"嫦娥" 1 号的环月飞行轨道一年内会下降约 100 千米。因此，一般情况下，50 天左右对"嫦娥" 1 号进行一次轨道调整，就能将高度保持在 200±25 千米的范围内。

"嫦娥" 1 号卫星有一年的设计寿命。卫星的寿命是由卫星上的燃料支撑卫星并保持正常绕月飞行的时间来决定的。"嫦娥" 1 号在距离月球 200 千米的工作轨道上运行，必须不断地调整姿态，发动机工作仍要消耗燃料。燃料万一消耗完毕，地面人员将没法对它进行控制。按照"嫦娥" 1 号的运行规律，如果没有轨道维持的话，将会掉到月球上去。

在一年的预定时间内，如果"嫦娥" 1 号圆满完成所有预定科学目标，将以何种方式"谢幕"呢？有不少专家提出，如果"嫦娥"1号在发射和飞行过程中一切都非常顺利的话，当到达一年的设计寿命期限时，仍然有若干千克的燃料可以尝试加力，使它直接撞击月球表面。这样一来，"嫦娥"1号在最后一刻时，还能近距离拍摄高分辨率的月面照片，溅起月面物质供地面人员分析。

"嫦娥"1号怎样奔月

发射月球探测器对月球进行考察，只有两种形式，一种是探测器围绕月球进行考察，另一种是探测器在月面上着陆考察，因为它们的出发点——地球和目的地——月球都在运动的状态中，所以，月球探测器只能选择合理的飞行路线，以便最近、最省时地飞向月球。

据计算，飞往月球的探测器的初速度不能小于10.848千米/秒。月球探测器在飞行过程中，一般是在地球和月球的共同作用下运动的。科学家将月球探测器的轨道飞行分为两个阶段，一个是以地球引力为主的阶段（当月球探测器与月球的距离大于6.6万千米时），另一个是以月球引力为主的阶段（当月球探测器与月球的距离小于6.6万千米时）。况且在实际飞行中，月球探测器还会受到太阳的引力。因此，月球探测器的飞行路线很复杂。

如果让月球探测器以撞击月球为最终目的，那么就必须选择准确的发射时间，使月球探测器的飞行轨道与月球相交；如果要击中月球表面的特定区域，发射初速度、发射时间和月球所在的位置及运动都必须经过严格的选择，而且在飞行途中还要进行修正。如果要长时间地考察月球，月球探测器必须要成为围绕月球飞行的卫星。如果月球探测器要在月面上着陆，它可以从接近月球的轨道上经过机动飞行，在月球上着陆。但是，因为月球没有大气层，无论用什么方式着陆，都需要在探测器下降过程中，用探测器本身携带的发动机制动，以便实现软着陆。

前面讲过，"嫦娥"1号卫星的轨道分为主动段、调相轨道段、地球至月球转移轨道段、环月轨道段等四个部分。详细地说，"嫦娥"1号卫星奔赴月球的过程是这样的：

火箭发射升空后，将"嫦娥"1号卫星送入轨道倾角为31°，近地点200千米、远地点51000千米的大椭圆轨道，就是主动段。卫星与火箭分离后，依靠卫星自身的推进系统进行一系列机动变轨，最后到达飞行任务所要求的轨道。

调相轨道段。卫星进入这个阶段后，需要进一步增大椭圆轨道的能量，为此，要进行一系列远地点和近地点机动变轨，卫星近地点的速度逐步增加，使卫星远地点的高度逐步增加，让它成为远地点高度为380000千米的地—月转移轨道。

地—月转移轨道段。卫星到达近月点，进入月球捕获轨道时，为使它变为执行任务的圆轨道，将通过近月制动，让卫星减速，进入围绕月球运行的200千米高度的工作圆轨道。

环月轨道段。卫星正式进入环月运行轨道，轨道高度为200千米高的圆轨道。

这种特点要求卫星研制者必须考虑月球卫星本身的特殊性，通过突破关键技术，实现技术创新，才能完成科学探测任务。

神州探月

"嫦娥"1号如何对日地月三体定向

航天器在太空飞行时，为了确定航天器在空间的对准方向，必须选定一定的天体作为参照物。如果把地球卫星当作一个人的话，那么它携带的红外地球敏感器、太阳敏感器、星敏感器，就相当于是自己的眼睛。人眼既能看见太阳，也能看见月球和星星，而红外地球敏感器只能用来看地球，太阳敏感器只能用来看太阳，星敏感器只能用来看恒星。所以只有将这三种敏感器综合起来使用，才能使地球卫星在不同的飞行阶段找到自己运行的方向，并将自身的飞行姿态和星上设备的对准姿态适时调整。

太阳敏感器是航天器上应用最多的一类敏感器，几乎所有的卫星上都配备有太阳敏感器。太阳敏感器是一种光学姿态敏感器，能够为卫星及星上设备提供姿态控制基准信号，用于太阳能电池板对太阳定向。将太阳当作卫星定向和姿态调整的参考物，是由于太阳在视圆盘中的张角很小，而且几乎和卫星的飞行轨道无关，因此，对大多数卫星而言，可以把太阳近似地当作点光源，这样敏感器的设计难度就降低了，简化了确定卫星姿态的算法。此外，太阳的高亮度和高信噪比，也使得卫星用太阳敏感器来定向比较容易实现。

星敏感器是用某一颗亮度较高的恒星为参照，测量它相对于航天器的角位置，来确定航天器飞向方向和姿态的敏感器。由于恒星张角很小，因此星敏感器的测量精度非常高。一般说来，星敏感器是航天器姿态敏感器中最精确的敏感器，它的精度比太阳敏感器高一个数量级，比红外地球敏感器高两个数量级。由于恒星星光非常微弱，同时所需测量数据又很多，所以星敏感器结构复杂，功耗大，质量、体积大，价格昂贵，而且每给出一次测量结果，大约需要 1～5 秒钟的时间。

红外地球敏感器通过测量地球与天空的红外辐射差别，获取航天器的飞行姿态，通常用来测量航天器的俯仰姿态角和滚动姿态角。一般来说，如果将星敏感器作为主要定向调姿敏感器，则可以将太阳敏感器和红外地球敏感器当作备份，反之亦同。

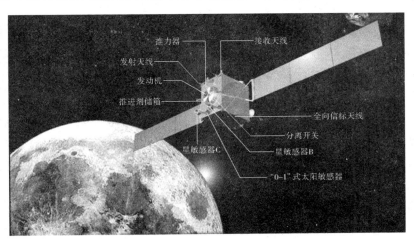

推力器 — 接收天线
发射天线
发动机
推进剂储箱
— 全向信标天线
— 分离开关
星敏感器C — 星敏感器B
— "0-1"式太阳敏感器

"嫦娥"1号探月卫星结构图

太阳敏感器在进入地球阴影区时不能使用，而星敏感器精度虽然较高，但是因为器件本身的特性，它比较容易受到其他光源的干扰，而且造价较高，使用寿命也比地球敏感器短。因此，红外地球敏感器是卫星上很重要的姿态敏感器。

"嫦娥"1号卫星在奔月的大部分时间里，保持着太阳定向的飞行姿态。进入太阳定向模式时，"嫦娥"1号卫星会用太阳敏感器寻找太阳的方向。根据太阳定向，卫星六个面中的一个面，将一直正对太阳，此时，太阳能电池板上贴有太能电池片的一面也正好面对太阳。这样，太阳能电池板就能接受到充足的日照，将太阳能变为电能，供卫星上的仪器设备使用。

在每次执行轨控前，为了保证"精确变轨"，发动机在点火前，"嫦娥"1号卫星都要从太阳定向转入恒星定向。恒星定向是指航天器在太空中相对恒星保持相对固定的姿态。这时，航天器使用陀螺和高精度星敏感器，将航天器在太空中的方位准确确定。

恒星定向实现之后，"嫦娥"1号卫星就能调整在太空中的飞行方向。"嫦娥"1号卫星通过携带的若干组小推力器喷出的高速气体，可以控制卫星的旋转速度，从而实现卫星的方向调整。通过方向调整，确保卫星发动机指向轨道控制所需的方向。卫星在调整方向的过程中，推力器喷气量的多少，根据控制喷气时间的长短来决定。当卫星方向基本调整到位后，卫星再次转入恒星定向。通过星敏感器和陀螺获得卫星方向及旋转角速度的准确信息，对卫星方向调整后存在的小的方向偏差进行修正，使卫星在保持更为精准的目标方向的同时，保持姿态稳定。

"嫦娥"1号卫星在进行轨道控制和姿态调整时，发动机点火期间并不完全处于地面站的测控弧段内。为了在没有测控站支持下也能保证轨控和姿态调整的精度，"嫦娥"1号卫星不仅设计了轨控发动机自主控制功能，还设计了高精度的加速度计。轨控前，当"嫦娥"1号卫星处于地面站可控弧段内时，由地面站设定轨控的初始和结束条件，其他的由"嫦娥"1号卫星自主进行计算和判断，卫星上的控制系统将控制发动机精

神州探月

确点火与关机。在轨控结束后，"嫦娥" 1 号卫星自主转入太阳定向，在下次变轨前，会再次转入恒星定向。

"嫦娥" 1 号卫星在三次近月点变轨之后，开始进入绕月探测的工作轨道。但卫星进入工作轨道，并不能满足 "有效探测" 的要求，仍需要卫星 "对月定向"。

地球卫星入轨后，一般都需要 "一心二用"，即同时完成对地和对日定向：卫星上的太阳能电池板对准太阳，保证获得足够的光照并产生足够的电能；遥感设备和测控通信设备对准地球，以完成对地观察和传输信息等任务。但是对于月球卫星来说，"一心二用" 远远不够。

"嫦娥" 1 号的探测目标是天体月球，所以 "嫦娥" 1 号必须保证所有的科学探测仪器对准月球表面。为了保证 "嫦娥" 1 号的能源供应，"嫦娥" 1 号的太阳能电池板要面向太阳，以取得足够的太阳能。在限定的时间内，必须将探测数据和自身工作状态信息发回地球，所以 "嫦娥" 1 号在绕月球飞行的过程中，还必须将定向天线对准地球。因此，"嫦娥" 1 号在轨运行期间，要同时解决对日、地、月的三体定向：探测仪器对准月球，太阳能电池板对准太阳，发射和接收天线瞄向地球。这也就是说，在极月圆轨道上，"嫦娥" 1 号必须 "一心多用"。

实现这种 "一心多用"，从姿态控制技术上说，远远难过 "一心二用"。比如卫星整体布局、质量分布、多轴控制跟踪等方面，都要有新的设计思想和方法。地球、太阳和月球的空间关系时刻都在变化，而且很复杂，这给 "嫦娥" 1 号的三体定向带来很多困难。为了使太阳能电池板最大限度地获得日照，"嫦娥" 1 号还要采用正飞和侧飞两种飞行姿态，这将姿态控制的难度大大提高，而且调整姿态消耗的能量也增加了。

"嫦娥" 1 号卫星的姿态控制

那么，怎样解决 "嫦娥" 1 号卫星的姿态控制问题呢？

为使 "嫦娥" 1 号上的科学仪器一直对准月球表面进行持续性的探测，卫星运用了三轴稳定的姿态控制方式，以实现卫星对月定向。卫星入轨后，先从太阳定向转入恒星定向，然后对方向进行调整，调整到对月定向的目标方向后，再次进入恒星定向。这时，启动卫星的环月飞行模式，运用这种方式，可以保证"嫦娥"1号卫星安装科学探测仪器的一面，一直都能朝向月球，这样卫星上的科学探测仪器就能够对月球进行探测了。

在星体姿态固定后，为了保证"嫦娥"1号上的太阳能电池板总是朝向太阳，并且获取最大的能量，卫星上一方面运用了可一维转动的驱动机构，该机构能带着太阳能电池板像桨轮一样进行360°转动；另一方面利用太阳能电池板上的太阳敏感器捕获太阳方位，然后不断地控制驱动机构，确保太阳电池帆板获得最佳的太阳光入射角，从而为"嫦娥"1号提供充足的电源。

依据太阳相对于卫星的方位，"嫦娥"1号在环月轨道上，还可以进行正飞或侧飞两种飞行姿态对月定向。当太阳在卫星的前方或后方时，"嫦娥"1号正飞，此时卫星的太阳电池帆板面向飞行的方向，能通过帆板跟踪太阳，在满足"嫦娥"1号供电要求的同时，也满足有效载荷对月面立体成像的要求。当太阳位于"嫦娥"1号两侧时，卫星进行侧飞，"嫦娥"1号太阳能电池板朝向与卫星飞行方向垂直的方向，使帆板基本朝向太阳，以满足卫星的供电需求。但此时CCD立体相机不能工作，其他有效载荷则能正常运行。

如何保证在科学探测和遥测数据准确地传回地球时，并降低通信天线的功耗？首先要保证天线可以上下左右自由活动，才可以保证天线精确指向地球。为了使"嫦娥"1号的定向天线一直对准地球，科研人员研制了定向天线双轴驱动机构，该机构可在半球空间内，实现高精度指向定位要求，使定向天线拥有对地球的跟踪指向能力。当然，天线精确指向地球，还需要"嫦娥"1号控制系统精确计算日、地、月的相对位置关系，同时对卫星的姿态进行精确调整。双轴天线自主指向控制技术是我国第一次采用的新技术。

通过上述方式，"嫦娥"1号上的太阳能电池板和定向天

线，都能根据具体情况调整指向，用来满足各自不同的定向要求，解决月球探测过程中的三体定向难题。"嫦娥" 1 号上的科学探测仪器，在垂直对准月面时，才能够发挥最佳的探测效果。在三体定向的难题解决后，还需要让"嫦娥" 1 号安装探测仪器的一面精确对准月面，这涉及了精确对月定向的问题。

三轴定向技术

对于人造地球卫星，地球是最好的参照物。在地球大气层内，存在着非常稳定的红外辐射。不管白天黑夜，阴晴雨雪，风云雷电，地球的红外辐射带一直呈现为一个完整的圆盘，并且辐射强度、圆盘直径变化都非常小。由于地球大气温度比太空背景温度高很多，因此地球大气红外辐射强度相对太空背景红外辐射强度来说要高得多。根据这一特性，人们为人造地球卫星研制出了红外地球敏感器。红外地球敏感器利用探测红外光谱，获得地球地平信息，经过技术处理后，获得地心垂线方向，就能让地球卫星获得有效的对地定向精度。

红外地球敏感器在人造地球卫星甚至载人飞船上应用得很普遍，但无法对月球卫星应用，因为月球没有大气层，也就不可能有稳定的红外辐射带。此外，月球本身并不发光，仅仅反射太阳光。随着阳光照射角度及观察方向的不同，月球会呈现出不同的月相。在阳光照射到的部分，红外辐射会很强，而在阳光照射不到的阴影部分，红外辐射弱到无法探测。所以，"嫦娥" 1 号上不能使用红外敏感器作为对月定向的敏感器。

怎样让"嫦娥" 1 号卫星实现有效的对月定向呢？科研人员在对月面不同物质、不同地形的反射特性进行研究后，发现月球有稳定的紫外辐射。经过集智攻关，科研人员研制出了紫外月球敏感器，用来专门解决有效对月定向的难题。紫外月球敏感器工作在紫外波段，能够在各种月相下正常工作，包括新月、上弦月、满月、下弦月，甚至出现日全食时也能够正常工作。利用紫外月球敏感器，"嫦娥" 1 号卫星可以不经地面站支持，直接获得对月的俯仰角和滚动角，确定绕月卫星飞行轨道是否平行于月面。

通过三轴定向技术，以及紫外月球敏感器、红外地球敏感器、星敏感器和太阳敏感器等手段，来保证"嫦娥"1号卫星在绕月科学探测期间对日、地、月三体定向的精度要求。

如何面对极限温差的考验

月球卫星内部的仪器设备在工作时，会向外散发热量。大多的电子仪器设备，如果长时间在50℃以上的环境下工作，就很容易产生故障。但是有一些设备，如化学电池在0℃以下的工作效率又很低。因此，月球卫星内部的温度必须保持在一定的范围内，才能保证探测仪器和内部设备正常工作。

通常情况下，地球卫星内部温度必须保持在-10℃～45℃范围内，个别仪器在恒定的温度下只允许有1℃～2℃的变化。月球卫星上的某些特殊仪器设备，对温度变化要求比地球卫星严格得多。

在地球上，热量传递分为对流、传导和辐射等三种方式。热量从物体温度较高的部分沿着物体传到温度较低的部分，叫做传导，是固体中热传递的主要方式。靠液体或气体的流动来传递热量的方式叫做对流，是液体和气体中热传递的主要方式，气体的对流现象比液体明显的多。热量由物体沿直线向外射出叫做辐射，用辐射方式传递热量，不需要任何介质，因此，辐射能够在真空中进行。地球上得到太阳的热，就是太阳通过辐射的方式传来的。在没有大气层的寒冷太空，热量主要是通过热辐射来完成传递的。

相对于月球环境，地球表面的大气层分布均匀，所以环绕地球飞行的卫星，所受的来自地球的热辐射影响很小。月球表面不存在大气层，受太阳照射的影响，月球表面温度变化很大。当有太阳照射时，月面温度高达120℃，当月球背对太阳一面的温度，却只有-180℃。月面温度的剧烈变化，使卫星面对月球的一面，面临的热辐射条件产生非常大的变化。

因为"嫦娥"1号绕着月球转，月球绕着地球转，地球又带着月球及"嫦娥"1号绕太阳转，所以它们的关系相对比较复杂。"嫦娥"1号在绕月飞行时，会受到太阳、月球、月球阴影、地球阴影（月食）、太空寒冷背景的影响，外部热环境极为恶劣、复杂。特别是面对月球的一面，月球热辐射在某些条件下，从每平方米超过1000瓦到几十瓦的范围内波动。如此复杂的热环境，对"嫦娥"1号的温度控制有着很高的要求。

科研人员建立了整个月球温度场模型，并根据飞行轨道和卫星的飞行姿态，计算出了"嫦娥"1号卫星各个面面对的外热流条件，经过刻苦攻关，为解决"嫦娥"1号卫星的热防护问题打下了基础。

为了使"嫦娥"1号卫星内的仪器设备适应近月空间的热环境，在适当的温度下工作，科研人员为它研制了一件"冬暖夏凉"的特制"保温衣"。"嫦娥"1号是一个六面体，面对月球的一面上，安装着主要的科学探测仪器。在这个面上，运用了一种超级隔热材料，专门防止来自月球的热辐射损害探测仪器。其余5个面由于不对着月面，所以安装了一种能够最大限度地散发热量的特殊散热材料。当"嫦娥"1号正常绕月飞行时，其太阳能电池板吸收阳光，5个散热面就能同时散发热量。特制的"保温衣"在卫星内部过热的时候可以散热，在寒冷的环境下，又能够为卫星内部保温。

为了确保"嫦娥"1号卫星内部温度均衡，科研人员还为"嫦娥"1号研制了主动式热控系统，通过主动加温或降温的方法，合理对卫星内外部的热量组织交换。至于受光照严重的部分，热控系统能够把热量导出，以避免烧坏仪器；当"嫦娥"1号飞行到月球背阴面时，因为经历的时间很短，热控设备在卫星进入背阴面之前，能够将收集到的热量，在内部进行适当分配，防止仪器被冻坏。这很像家庭用的冷暖空调，热了吹冷气，冷了送热风。不管"嫦娥"1号卫星所处的外部环境多么恶劣，不管卫星外部是－180℃还是120℃，热控系统都可以确保卫星内部始终温暖如春，星内星外两重天。通过这些方式，"嫦娥"1号卫星完全能够经受近月空间严酷热环境的考验。

战胜月食的影响

深空探测每前进一步，都有着巨大的风险。虽然我国科学家对"嫦娥"1号绕月飞行时可能遇到的新问题都做足了"功课"，但研制"嫦娥"1号卫星的过程中，还是会有一些出乎意料的问题。月食问题就是科研人员在研制"嫦娥"1号过程中，及时发现并加以解决的一个棘手问题。

月食是一种特殊的天文现象。当月球运行到地球的阴影部分时，在月球和地球之间的地区会因为太阳光被地球遮蔽，这就是月食。月食可分为月偏食、月全食及半影月食三种。

太阳的直径比地球的直径大很多，所以地球的影子有本影和半影之分。在月球进入地球半影区域时，太阳光就会被遮掩掉一部分，这种现象在天文上叫做半影月食。由于在半影区阳光仍然很强烈，月面的光度只是极轻微减弱，所以多数情况下，半影月食用肉眼分辨不容易。由于半影月食一般不能被人们发现，所以通常不称为月食。

地球的直径大约是月球的 4 倍，在月球轨道处，地球本影的直径大约是月球的 2.5 倍，所以当地球和月球的中心处在同一条直线上时，月球就会完全进入地球的本影，从而出现月全食。如果月球始终只有部分被地球本影遮住时，即只有部分月球进入地球的本影，就出月偏食。月球上不会发生月环食，因为月球的体积比地球小很多。

就地球而言，月食出现的时候，太阳和月球的方向会相差 180°，所以月食必定出现在"望"（即农历十五日前后）。由于太阳和月球在天空的轨道（称为黄道和白道）并不在同一个平面上，而是有约 5°的交角，所以太阳和月球只有分别位于黄道和白道的两个交点附近时，太阳、地球和月球才有可能连成一条直线，从而出现月食。

每年月食出现的次数一般为 2 次，最多 3 次，有时 1 次也不发生。因为在一般情况下，月球要么从地球本影的上方通过，要么从下方经过，很少穿过或部分穿过地球本影，所以一般情况下就不会发生月食。据观测资料统计，每100年中，半影月食、月偏食、月全食发生的百分比约为36.60％、34.46％、28.94％。

"嫦娥"1号卫星在完成一年探测使命的过程中，必须要经历2次月食，其中2008年2月21日经历一次月全食。那么，月食会对"嫦娥"1号产生什么影响呢？当发生月全食时，照向月球的太阳光被地球挡住。月食阴影区域有一个显著的特点，是半影区比较大。在半影区域内，太阳辐射强度会产生变化。在太阳辐射强度较大时，太阳能电池仍能供电。当卫星进入在本影中心为原点，半径5600千米的区域中穿行时，太阳能电池根本没法供电，卫星只能由蓄电池组单独供电，此区域为"有效阴影区域"。

月球卫星在月食有效阴影区穿越时，太阳能电池板没有太阳光照射，不能向卫星上的设备和仪器供电，所以科学探测仪器不能正常工作。没有太阳光照射时，卫星外表面热流下降，再由于太阳能电池供电不足，热控设备供热不能正常，导致卫星内部设备快速降温。在这种情况下，就对卫星电源系统的供电能力，热控系统的温度维持能力，仪器设备的最小功耗有着更高的要求。

在月食有效阴影期间，"嫦娥"1号卫星只能借助蓄电池储存的能量保障卫星的生存。月食全过程总时间超过了5小时，月食的有效阴影时间持续约3小时，超过"嫦娥"1号卫星设计的45分钟阴影区间蓄电池供电的指标。因此，当"嫦娥"1号卫星进入月食环境时，才是真正考验它热控能力的时刻。为了保证"嫦娥"1号卫星能安全度过月食，科研人员深入研究了"嫦娥"1号在月食环境中的工作模式，并提出了很多对策。

"嫦娥"1号卫星上采用了导热管技术，这种技术在进行热控制时不需要消耗能量。特殊导热管，能够把

月　食

"嫦娥" 1 号内部发热量大的仪器产生的热量，传导到不发热的仪器上，让冷热流在导管内部循环流动，使冷热面的温度平均开来。运用这种技术后，能够有效减少热量流失。例如，当用蓄电池给 "嫦娥" 1 号提供能源的时候，蓄电池产生的多余热量，可以通过导热管散布到卫星的各个面，这样既降低了蓄电池工作时的温度，又为其他探测仪器提供了热量。

为了消除月食阴影和正常轨道阴影的叠加效应，缩短月食阴影影响的时间，卫星在进入有效阴影区前，地面人员将会调整卫星在飞行轨道上的姿态，让 "嫦娥" 1 号获得太阳光照的时间和强度最大限度地提高。

在月食有效阴影区，因为要降低能源消耗，卫星上的绝大部分科学仪器将关机。必须开机的仪器设备，也要调整到最小能耗模式。

卫星进入有效阴影区前，热控设备会以最大加热能力，对卫星进行加热，将卫星的整体温度提高，并确保蓄电池组处于满充状态。卫星飞出有效阴影区后，在功率许可的前提下，提高热控设备的加热功率，让卫星各部位尽快回温。

通过这些方式的结合运用，"嫦娥" 1 号卫星安全度过了月食带来的严酷考验。

奔向月球的加速动力

发射 "嫦娥" 1 号卫星时，"长征" 3 号甲运载火箭先将 "嫦娥" 1 号送入近地点 200 千米、远地点 51000 千米、周期约 16 小时的初始大椭圆轨道，然后 "嫦娥" 1 号自己不断加速和变轨，最终进入地月转移轨道。

为何 "长征" 3 号甲运载火箭先将它送入围绕地球飞行的大椭圆轨道，再由它多次变轨后进入地月转移轨道，而不是直接把 "嫦娥" 1 号送入地月转移轨道呢？这与月球探测器需要达到的奔月速度、探测器的轨道机动性能和运载火箭性能等多方面因素是相关的。

我们知道，要让物体绕地球做圆周运动，它的速度必须达到 7.9 千米/秒的第一宇宙速度；要使物体摆脱地球引力束缚，飞离地球，它的速度必须达到 11.2 千米/秒的第二宇宙速度；要让物体摆脱太阳引力束缚，飞出太阳系，它的速度必须达到 16.7 千米/秒的第三宇宙速度。

要让"嫦娥"1 号卫星飞向月球，它的速度应该达到多少呢？有人大概认为应该达到第二宇宙速度。"嫦娥"1 号以这样大的速度飞向月球，当然是没有问题的。但一般来说，只需用更小的速度，将"嫦娥"1 号送入远地点为 384400 千米的椭圆形轨道，就可以让它自己到达月球了，这是由于月球本身仍然处在地球引力范围之内的缘故。经过计算，只要月球探测器在近地点达到 10.6 千米/秒以上的速度，就能沿椭圆形轨道飞向月球。低于这一速度，探测器将不能飞抵月球。

要让月球探测器飞抵月球，运载火箭必须要有足够大的运载能力，来为探测器提供足够高的飞行速度。如果运载火箭只是将探测器送入地球轨道，而不能提供足够高的奔月速度，也能让月球探测器自己携带的火箭发动机来提供速度增量，获得足够大的奔月速度。但倘若运载火箭的运载能力太低，就要让月球探测器携带大量的燃料，从而减少探测器携带的科学探测仪器。

发射"嫦娥"1 号卫星的"长征"3 号甲火箭，只能将质量为 2350 千克的"嫦娥"1 号卫星送入近地点 200 千米、远地点 51000 千米、周期约 16 小时的初始大椭圆轨道。在这一轨道上，运载火箭提供的近地点速度是 10.3 千米/秒，"嫦娥"1 号卫星不能达到足够的奔月速度。因此，"嫦娥"1 号卫星与运载火箭分离后，必须借助自己携带的火箭发动机和燃料，通过不断加速和变轨，将速度提高到 10.6 千米/秒，最终进入远地点高度约为 38 万千米的地月转移轨道。

探月活动早期，有过将月球探测器直接射入地月转移轨道的发射方式。这种发射方式一般是靠运载火箭连续推进，直至进入地月转移轨道。这种地月转移轨道是一条连接地球和月球的椭圆轨道，也是一种最简单的地月转移轨道。1959 年 1 月 2 日，苏联发射的第一颗月球探测器——月球 1 号探测器，就是运用的这种发射方式。运用这种发射方式，只要将发射时机、飞行轨道计算准确，探测器就能与月球相遇，并且能在很短的时间内到达月球。但这种发射方式对探测器的发射时机和轨道精度要求非常高，探测器接近月球后，需要较大的制动力，才能被月球捕获。在探月活动早期，苏联和美国都曾经采取过这种发射方式，但它的成功率较低，一般只适合发射掠月探测器和硬着陆探测器，后来美苏两国便不再采用这种方式。

在上述方式之后，还出现了一种在地球停泊轨道发射月球探测器的发射方式。这种方式是，运载火箭先将探测器送入圆形地球停泊轨道，然后运载火箭在地球停泊轨道上选择合适的位置和时机，再次点火，将探测器送入地月转移轨道。

停泊轨道是指航天器为了转移到另一条轨道而暂时停留的轨道，又叫驻留轨道。地球停泊轨道是发射月球探测器、载人登月飞船、空间探测器和离地球较远的人造地球卫星（如地球静止轨道卫星）必须经历的一个阶段，用于选择进入转移轨道的入轨点，以掩饰地面发射场地理位置固定的缺点，进而满足转移轨道的要求。

20世纪六七十年代，美苏两国发射的大多数月球探测器和载人登月飞船，采用的都是这种发射方式。这种方式灵活性强，容易选择地月转移轨道的入轨点。另外，在进入地月转移轨道之前，地面人员还能够对地球停泊轨道上的探测器进行最后测试，可以提高发射的可靠性和入轨精度。这种发射方式不但要求运载火箭具有较高的运载能力，而且要具有高空多次点火工作的能力，这要求运载火箭有非常高的性能，风险性也较大。

20世纪90年代，轨道专家又提出一种新的发射方式。这种方式是，运载火箭先将探测器送入近地点200千米、远地点36000千米的地球同步转移轨道（GTO轨道），然后由探测器自带的火箭发动机，在近地点进行一次或多次加速，然后取得足够高的奔月速度，从而送入地月转移轨道。用这种方式发射月球探测器，降低了对运载火箭的要求，节约了发射成本，提高了发射的可靠性，但要求月球探测器具有较强的轨道机动性能。缺点是探测器在太空中飞行的时间很长，同时需要严格控制发射的时机，所以发射灵活性受到很大的限制。

根据国内现有运载火箭的运载能力，以及"嫦娥"1号卫星的使命和性能，经过精确分析和计算，为了用最小的代价实现奔月过程，"嫦娥"1号卫星选择了第三种发射方式。

为了最大限度地发挥"长征"3号甲运载火箭的运载能力，发射时，先将"嫦娥"1号卫星送入近地点200千米、远地点51000千米、周期约16小时的超GTO轨道。在这条轨道上，"嫦娥"1号卫星的近地点速度约为10.3千米/秒。为了能进入地月转移轨道，"嫦娥"1号必须用自身携带的火箭发动机，再增加300米/秒左右的速度，才可以最终奔向月球。

在近地点加速过程中，一次实现300米/秒左右的速度增量，对于运载火箭来说是很简单的，因为运载火箭的发动机推力一般都比较大。但对于"嫦娥"1号携带的变轨发动机来说，这个速度增量仍然很大，实现起来很不容易。我国是第一次发射月球探测器，倘若在发射和加速过程中出现误差，将会造成"嫦娥"1号错过和月球的"遇见"，甚至无法沿椭圆形的轨道飞回地球，而是飞进茫茫深空，消失在我们的视野里。

"长征"3号甲运载火箭发射

经过精心分析和计算，并考虑到降低其他风险，"嫦娥"1号运用在地球轨道近地点分三次加速的轨道调整方案，即采用调相轨道，目的是使"嫦娥"1号在超GTO轨道运行时，不断增大飞行速度，从而使"嫦娥"1号的远地点高度变为约40万千米的地月转移轨道。

在对"嫦娥"1号的运行轨道实施变轨时，大多选择在近地点和远地点完成，这样做能够大大地节省卫星携带的燃料。

"嫦娥"1号卫星发射时的具体步骤是：

"长征"3号甲火箭将"嫦娥"1号卫星送入近地点200千米、远地点51000千米、周期约16小时的初始大椭圆轨道。在这一轨道上，运载火箭提供的近地点速度是10.3千米/秒。

　　"嫦娥"1号在初始大椭圆轨道上运行大约24小时后，当它运行到远地点时，"嫦娥"1号发动机点火，开始第一次变轨加速，目的是把"嫦娥"1号的近地点高度由200千米提升到600千米，以增大对近地点处的测控弧段。

　　经过1天左右的飞行，在"嫦娥"1号到达近地点时，开始第二次加速，这也是"嫦娥"1号第一次在近地点加速，目的是把"嫦娥"1号所在椭圆轨道的远地点高度，由初始大椭圆轨道的51000千米提高到71000千米，轨道周期也由16小时变为24小时左右。

　　经过3天飞行后，轨控发动机在近地点处进行第二次加速，让"嫦娥"1号步入远地点为12万千米、周期为48小时左右的椭圆轨道。

　　经过2天飞行后，"嫦娥"1号在近地点开始最后一次加速，这次变轨加速很重要，因为这次加速的位置和时机是唯一的，如果出现差错，整个发射都会失败。通过这次加速，"嫦娥"1号的飞行速度最终能提高到10.6千米/秒，达到进入地月转移轨道要求的入口速度，飞行轨道的远地点接近40万千米，从而实现奔向月球。

　　"嫦娥"1号通过3次近地点轨道机动，近地点的飞行速度逐步增加，从而使远地点高度也逐步增加，最终到达地月转移轨道的入口。这和铅球、铁饼运动员在扔铅球、铁饼，先转几圈，逐步加速后再扔出去，从而使铅球和铁饼获得最大的飞行速度的原理是一样的。

　　采用这种发射方式的好处是，有多次机会可以调整"嫦娥"1号的飞行轨道，消除因为发射时的误差和其他因素造成的误差。在近地点变轨时，卫星相对于地球的位置基本不变，因此能在固定的位置布置测量船，对"嫦娥"1号的变轨过程进行精密监控，提高"嫦娥"1号进入地月转移轨道入口时的轨道精度。

神州探月

第六章　我国月球探测二期工程展望

"嫦娥"二期工程任务及目标

我国政府为实施"嫦娥工程"，确定了"三步走"的发展思路。整个工程分为三期，近期目标是在 2000～2007 年发射"嫦娥"1 号卫星（简称一期工程），中期目标是 2012 年左右实施月球软着陆探测和自动巡视勘察（简称二期工程），远期目标是在 2017 年前后实施月球样品自动采样返回（简称三期工程）。

我们知道，月球软着陆探测是一种亲自进行的探测方式，在探测深度和精度方面远远高于用卫星环月探测，两者数据可以互相补充和验证。月球软着陆探测与载人着陆探测相比，在技术难度、成本和风险上都要低很多。因此，在人类对月球、行星及其卫星的探测中，软着陆探测方式有着重要的地位。

国外软着陆探测经历了直接着陆、环绕后着陆、短时间工作、长时间工作、就位探测、巡视探测等多个发展阶段。由于月球的轨道、重力场、大气、表面地形、地貌地质条件、温度和光照条件等因素的影响，月球软着陆探测在技术上有很多难点，所以在技术上必须不断发展进步。

在"嫦娥工程"一期工程准备实施的时候，我国航天专家就已经开始着手开展二、三期工程的方案论证和关键技术的预先研究工作，提出了相应的初步工程目标和科学目标，获得了许多的研究成果。

根据国防科工委的初步计划，我国定于在 2012 年左右发射"嫦娥"2号月球探测卫星，开始"嫦娥工程"二期工程。到时卫星将携带月球软着陆器，在月球上软着陆，向月球释放一台月面巡视探测器（月球车），开始首次月球软着陆和自动巡视勘测。通过这一工程的开展，对月球软着陆技术进行试验，通过月面自动巡视探测器进行高分辨率摄影，获取月面环境、月形、月岩的化学成分与物理性质等数据，为科学研究和为将来月球基地的选址作准备。

"嫦娥"二期工程担负的任务

我国月球探测二期工程不但是一期工程的延伸与拓展，还是一期工程的深化与跨越。通过二期工程的开展，可以使我们获得高精度的新的月球探测数据，增加我国科学工作者对月球的进一步了解，取得更丰富的月球探测技术成果，推动我国对月球科学研究的进一步深化，获得一批自主创新的月球科研成果，也使我国月球探测相关技术实现一个突破，把我国掌握开展深空探测所需要的一系列关键技术，建立成较为完整配套的深空探测工程体系，建立设计、生产、试验系统和研究、应用体系，培养一支高素质的人才队伍，为进一步的深空探测科学研究和航天活动作好坚实的技术、物质和人才准备，带动相关产业发展并促进科学技术进步。因此，我国月球探测二期工程的开展，对于促进月球探测科学研究的深入和促进深空探测技术的发展，都具有非常重要的意义。

特别需要指出的是，通过月球探测二期工程的开展，我国将产生大量的技术创新成果，这些新技术能够应用于其他航天工程，还能直接二次开发应用于其他民用领域，包括：增强天文观测能力；提高我国自动化智能机器人水平；发展可应用于医学、工业、制造、国防工业的科学、人工智能和自主控制技术；促进微电子、微机械的发展。这些技术创新将会促进我国工业技术创新和国民经济发展，为建设创新型国家提供了技术手段。

"嫦娥"二期工程科学目标

我国月球探测工程首席科学家欧阳自远在讲述月球探测二期工程科学目标的时候指出：我国月球探测二期工程将是一期工程的跨越式发展，探测对象由"面"变为区域性的"点、面、内部"一体化的综合性探测，用月球软着陆探测和月面巡视勘察两种探测方式。

根据有关资料记载，1959 年至 1974 年，美国和苏联先后进行了 16 次不载人的月面软着陆就位探测，其中有 7 次成功实现月面软着陆就位探测但不进行月面巡视探测（苏联 2 次，即"月球"9 号与 13 号；美国 5 次，即"勘测者"1 号、3 号、5 号、6 号与 7 号）；苏联成功实现了 2 次不载人月球车月面巡视勘察（月球 17 号与 21 号）。苏联与美国的月球软着陆与巡视勘察的科学目标可归纳为以下几个方面：着陆区近距离、高精度摄影、研究月面形貌和地质构造特征；月壤物质成分分析与月壤物理力学参数测定；月球表面空间辐射环境探测；月球软着陆与月球车和相关关键探测技术的研究。

对美国与苏联在这一阶段进行月面软着陆探测科学目标进行分析后，我国科学家认为，苏联和美国的月球软着陆就位探测与月球车巡视勘察有以下缺点：基本上是为月面软着陆、月球车巡视勘察和取样返回的纯工程目标提供科学资料；月球软着陆就位探测与月球车巡视勘察没有结合起来而是各自独立开展，因而月球车勘察的科学目标与软着陆的探测目标全部相同。

综合分析与总结了美国与苏联月球软着陆就位探测与月球车巡视勘察的科学目标、有效载荷配置、关键技术与研究成果后，进一步根据月球探测的发展趋势和我国的科技水平，我国科学家建议月球软着陆就位探测和月球车巡视勘察总体科学目标的优选原则为：有限目标、重点突破、承前继后、循序渐进、持续发展；在科学上创新，技术上突破，探测上有特色，成果上争取领先。

我国科学家提出，月球探测二期工程将通过对着陆区和巡视区的区域性精细探测，完成对月球的地形地貌、地质构造、物质成分、矿产与能源等资源、日—地—月空间环境与月基天文观测等综合科学探测任务。我国科学家在广泛论证调研之后，初步确定了二期实施"月球软着陆就位探测和月球车巡视勘察"的四项总体科学目标：

1. 月球形貌与地质构造调查

对着陆区和巡视区月表形貌和地质构造实施调查，通过调查，取得月表形貌、地质构造、月壳结构、撞击坑和月壤厚度的数据，同时建立区域月貌与地质演化模式，深化月球探测一期工程的探测与研究成果。探测内容主要由探测区的月表形貌探测与地质构造分析、探测区撞击坑的调查与研究、探测区的月壤特性、厚度与月壳浅层结构探测等三个方面组成。

2. 月表物质成分和可利用资源调查

月球物质成分是了解月球演化历史的很重要的一步。同地球科学一样，获取月球的化学成分、矿物组成、岩石类型及其分布规律是月球科学最为基础的工作。月球蕴藏着丰富的矿产资源和能源资源，开发和利用月球资源是人力进行月球探测的原动力之一。探测内容主要由探测区矿物组成、化学成分的就位分析、探测区矿产和能源资源调查等组成。

3. 月球内部的结构研究

月球内部结构为研究月球形成和演化历史提供了基础。探测月震和小天体引起的月震波能够反映出月球的内部结构。月球轨道参数的精确测量是研究月球动力学的基本手段，通过对月球动力学模型的研究了解月球的内部结构。探测内容主要由月震与小天体撞击的记录与研究、月球轨道参数的精确测量与月球动力学研究等组成。

4. 日—地—月空间环境探测与月基天文观测

日—地—月空间环境对人类生存与发展有着重要影响。太

神州探月

阳耀斑和日冕物质抛射释放出巨大的能量和物质，制约了地球空间的月表环境，对人类健康和航天活动有着重要影响。在月球表面进行日—地—月空间环境探测和月基光学天文观测，有着干扰小、无屏蔽、能长时间连续观测等优势。由于地球空间环境的影响，甚低频段的探测在地面一直无法实现，月球表面是科学家开展甚低频射电探测最理想的场所。探测内容主要由地球等离子层的极紫外探测与研究、日地空间和太阳系外天体的甚低频干涉观测与研究、太阳系外行星系统、星震和活动星系核的光学观测与研究、月表空间环境探测与研究等组成。

　　我国月球探测首席科学家欧阳自远院士认为，将这些目标分析后可以看到，我国科学家提出的科学目标具有如下的特点：①选择与以往不同区域着陆；②月面软着陆就位探测与月球车巡视勘察二者一起进行并互相结合，将取得比以前更多的探测成果；③在国际上第一次利用测月雷达实测月壤厚度（1～30米）和月球岩石结构（1～3千米）；④在国际上第一次在软着陆过程中依靠激光反射器精确测定地月间距离，进行月球动力学研究；⑤第一次在月球上采用极紫外相机观测太阳活动和地磁扰动对地球空间等离子层极紫外辐射的影响，研究等离子层在空间天气过程中的作用；⑥在国际上第一次对月基光学天文观测、太阳系外行星系统、星震和活动星系核等进行研究。

"嫦娥"二期工程的应用目标

　　月球探测的应用目标是指月球探测产生的科学成果、探测数据和创新技术，在工程规定之外的领域应用后所产生的社会和经济效益。

　　1. 月球探测作为深空探测的起点，在现有人造地球卫星航天工程系统的基础上，构建的月球探测航天工程体系，以后可以对火星探测和其他深空探测任务进行应用。

　　2. 工程将产生大量科学数据，除了完成工程规定的科学目标研究外，还能够进一步开发和挖掘，产生更多的应用成果。月球探测产生的数据和科学成果，将促进相关学科的发展。

3. 月球蕴藏的大量的有用元素，有着很大的开发应用前景；月表环境可用于试验和生产地面环境中无法获得新材料、新器件和生物制品；月球表面环境很适合天文观测和对地观测。"嫦娥"二期工程的实施可以很好地促进我国对月球资源、能源、空间环境的开发利用。

我国有关领域科学家认为，"嫦娥"二期工程为了完成上述月球探测的科学目标，将携带 20 种左右有效载荷。

软着陆平台配置的有效载荷主要包括：全色摄像/照相机、激光反射器、粒子激发 X 射线谱仪、红外光谱仪、光学天文望远镜、极紫外相机、月震仪、空间环境探测器、降落相机和机械臂等。

月球车配置的有效载荷包括：立体成像系统、测月雷达、粒子激发 X 射线谱仪、红外光谱仪、质谱仪和机械臂等。

"嫦娥"二期工程的关键技术

与月球探测一期工程实施探测器绕月探测最关键的不同点是，二期工程是要把探测器直接送到月球上，对月球进行直接的、零距离的接触。二期工程的开展，将使我国突破以下关键技术：

一是突破探测器在月球表面上软着陆和对月球表面自动巡视探测的相关技术。这一技术在我国还是首次进行，比如：探测器在月球表面上软着陆技术、自动巡视技术、遥操作和遥控分析技术、月球特殊环境下探测器的热控与电源技术等。

二是研制可以分别进行就位探测、巡视探测和环月探测的着陆探测器、巡视探测器，并按照需要组成探测器系统，展开预定的科学探测活动。

三是从工程技术的角度来看，要突破着陆轨道设计与制导、导航与控制技术；着陆缓冲技术；月面探测的测控通信技术；月面工作的热控与电源技术等关键技术。

专家认为，实现软着陆探测，主要需要对轨道设计、制导导航与控制技术和推进技术等进行突破。我国月球软着陆方式将采用先环月再着陆的飞行程序。这就要求对每个轨道飞行段都进行详细的轨道参数设计，选择轨道机动策略和发射及制动窗口，以保证在预定着陆区着陆。着陆的动力下降段是一段基于导航敏感器的自主控制过程，需制导导航与控制系统自主完成对着陆器与月球的距离、下降速度、着陆器姿态等的测量，同时进行着陆区的地形识别，保证着陆的安全与准确。在此过程中，推进系统必须要有可变的推力，可以通过可变推力发动机或多发动机组合控制来实现。

着陆器在距月面一定高度时要关闭制动发动机以防止火焰直接喷射到月壤上。因此，着陆器在接触月面时依然具有1～2米/秒的相对速度，要借助缓冲系统来吸收冲击能量，同时保持着陆姿态的稳定。缓冲可分为气囊式和着陆架式两类，专家分析研究后认为，着陆架式更适合我国软着陆探测。

"嫦娥"工程宣传页

在深空探测任务中，通信保障的困难主要来自于巨大的距离扩散损耗、长时间的延迟及覆盖率低等问题。如果在月球探测中要解决这些问题，必须采取的技术措施有：提高星上测控通信设备的功率、提高天线增益、提高编码增益；对现有的测控通信网络改造、提高地面站的上行功率、增加地面天线的尺寸、将天线增益提高等方式。但是，着陆探测器和巡视探测器间的通信将会面临着没有电离层条件下的超视距通信问题。月面的电特性、电波在月面的传输特性等都是要研究的新问题。

由于月球表面没有大气层，以及月球自转缓慢，月球的日照面和阴影面温度等都相差很大。怎样在如此恶劣的外部环境中保证各种设备能够正常地工作，这对月球着陆探测器的热设计是一个很大的挑战。通常的航天器热控制系统和电源系统都不能满足月面软着陆探测的需要。国际上在深空探测中广泛采用了同位素温差电源技术。同位素温差电源技术不仅是一种电源技术，还是一种热控制手段。它的实质是用同位素衰变产生的热量来解决低温环境下的热控制问题，用产生的电能解决部分仪器的功率需求。

四是为了保证我国月球探测二期工程的实施，需要建立月球探测器系统、深空测控网系统、地面应用和数据处理系统、运载火箭系统和发射场系统。这 5 大系统必须根据月球探测二期工程在各阶段的任务要求，进行分工合作，共同完成探测任务，并为月球探测后续工程和深空探测活动提供准备。

"嫦娥" 二期工程的实施阶段

我国月球探测二期工程如何实施？在"嫦娥"1 号还没有上天的时候，国内的许多业内专家就已经开始了论证工作。为了更好地验证我国月球探测技术的可靠性，将完成后续任务的步子走得更加稳当，取得更多的科学考察成果，一些航天专家提出我国月球探测二期工程应该分为两个阶段来实施。具体是：

第一阶段：2012 年前后发射一颗月球探测卫星，携带探测器实施首次月球软着陆，在掌握地球至月球转移轨道发射技术的同时突破月球软着陆、月面巡视和遥控操作技术、深空测控通信技术、轻小型化技术，并且掌握科学探测多源数据处理、解译与应用技术，试验月面巡视探测器（月球车）月夜生存技术。

这一阶段的具体内容是：在 2012 年实现探测器首次月面软着陆之前，研制成功着陆探测器和月面巡视探测器（月球车），卫星采用"长征"3 号 B 火箭，在西昌卫星发射中心发射，直接送入地球至月球转移轨道，经过中途修正和近月制动后，进入 200 千米高度的极月圆轨道；选择合适的时机在预定着陆区域进行首次月面软着陆，在月面展开就位探测，并且释放月球车开展月面巡视勘察。着陆探测器和月球车将在月面工作 3 个月。整个任务期间将新建深空探测网和 USB 系统提供测控支持，地面应用系统负责接收和解译科学探测数据，完成预定任务。

第二阶段：2015 年前后再发射一颗月球探测卫星，携带探测器，进行第二次月球软着陆，与第一次在月面上软着陆所不同的是，这一次会改变探测器着陆地点，月面探测的覆盖范围也会增加，掌握复杂地形区域的月面软着陆和自动巡视勘探、月球车月夜生存技术，试验月面采样技术，做好准备迎接我国月球探测三期工程。

月球探测软着陆场的条件

我国月球探测二期工程实现探测器在月球表面软着陆是最引人注目的，实现这个目标有三个关键：一是着陆器能不能在月面上成功着陆，二是着陆器在什么地方着陆，三是着陆器着陆后能不能完成科学探测任务。其中，着陆器在什么地方实施软着陆，是非常重要的问题，它直接影响和决定着软着陆能否顺利，能否成功，后续的探测任务能否完成。

科学家认为，为了保证月球软着陆探测任务的完成，软着陆区域的选择应该同时满足科学探测的需要，并有实现可行性。那么，选择探测器软着陆区应该遵循哪些原则呢？

1. 有利于实现科学探测目标。为了完成科学探测目标，着陆区应该选择在地质现象丰富的地区，如月海和高地的接触带、大型山脉、典型撞击坑构造区域等，来满足月球地质研究的需要；着陆区应该选择在成熟月壤区和矿产资源丰富的地区，来满足月球资源利用和研究的需要；着陆区的地质现象和地理位置国外都没有探测过，这样既体现了我国月球科学探测的独特性，也与国外已经开展的月球区域探测实现了互补。

2. 有利于工程的实施。着陆区应该选择在开阔平坦的地区，用来降低软着陆的风险；着陆区应该保证有良好的光照条件与适宜的热环境，用来提供足够的能源和保证探测器的工作环境。

为了保证着陆器在月面上平稳着陆，月面软着陆场要选择在比较平坦的地区。通过对国外有关资料的分析，科学家认为，为保证着陆安全，对着陆区地形地貌的初步要求是：在长700千米，宽10千米区域的着陆航迹内，不能有高于1千米的高山；在1千米×1千米的着陆区内，地面斜坡不能大于10°。如果着陆器腿的跨度为6米，要保证倾斜15°不翻倒，可以允许两着陆腿高度差约1.5米，经过初步分析，在着陆区域每10米×10米的范围内，直径大于0.8米的石块要少于1块，直径大于3米的环坑要少于一个。

　　只有在有太阳光线照射的情况下探测器上的太阳电池帆板才能产生电能，为了保证着陆器获得持续的电源和有效的探测，着陆区的选择必须要考虑到光照条件。尽管着陆探测器的太阳电池阵能够对日定向，但是，如果考虑到部分地形的遮挡等因素，要求太阳入射角必须大于10°，才能满足太阳电池帆板的工作需求。

　　因为巡视探测器的地形识别对太阳入射角提出了相应的需求，所以，着陆器一定要满足太阳高度角的要求。我们知道，地形识别可依靠光学成像或激光扫描成像等不同的途径，而光学成像要求太阳入射角最好在15°左右，这样可形成较明显的地形凹凸阴影，方便地形确定。

　　3. 有利于与地球的通信联系。我们知道，月球的一面始终对准地球，而另一面我们永远也看不见，这种情况造成了月球表面与地球通信的可见区域包括永远可见、有时可见和永远不可见等三种情况。为保证探测器在月面着陆后能连续与地面通信，着陆区应该选择在月球正面。经过分析，月球正面能连续保持与地面通信的区域为东西经70°范围内，纬度在南北纬80°之间。这是着陆点的最佳区域。

　　在月球表面着陆后的探测器，与地面的可通信条件与环月飞行的探测器不同。为传输探测数据，要求使用高增益的定向天线。月面上一个固定点相对地面某个测控站的方位角与高度角在一年时间内会出现周期性变化，这样的角度变化对定向天线的波束宽度和转动自由度设计影响很大。因此，为满足测控

神
州
探
月

数据传输的要求，定向天线必须具有两轴转动的能力。

4. 卫星轨道的可达性。为了使探测器能够在预定的着陆点着陆，专家认为有三种环月轨道可以选择：月球 0 倾角赤道轨道、月球倾斜轨道和月球极轨道。具体是：如果着陆区选择在月球赤道，则选择 0 倾角的环月轨道，这样可以保证每个轨道周期内都有着陆机会，而且测控条件很好。如果选择极区，那么，只有在极轨道，才可保证每个轨道周期内有着陆机会。但是对于位于赤道与极区间的着陆地区，则能选择轨道倾角大于着陆区纬度的轨道。轨道在一个月球日内对指定着陆区只有一次着陆机会，如果想使连续的着陆机会增加，则要做适当的轨道倾角机动。由于月球自转速度很慢，每天自西向东约转动 $13.2°$，平均每小时转 $0.55°$。这对轨道周期约 2 小时的环月轨道来说，如果错过一次着陆，则要对卫星进行一次小角度轨道倾角机动，这样才可以满足下一个着陆机会的需求。

一般来讲，地球上的给定发射场，对应不同的环月轨道要求，总能找到对应的地球至月球转移轨道。同时，计算表明，不同倾角的环月轨道，对地月转移及近月制动所需要消耗的能量差别其实很小很小。因此，任何的着陆区在轨道设计上都是能够实现的。

5. 充分考虑着陆场的热环境。有关资料表明，对应不同纬度，随着太阳入射角从 $0°$ 开始慢慢变大，月面温度会上升很快。在太阳下山的过程中，月球降温过程也很迅速。在低于 $20°$ 的低纬度地区，太阳入射角达到 $10°$ 以上时，月面的环境温度会升至 $0℃$ 以上，能够满足探测器的工作温度条件要求。而对于高纬度地区，太阳入射角只有超过 $20°$，月面温度才能达到 $0℃$ 以上。因此，从热环境的角度考虑，对于 $20°$ 以下的低纬度地区，着陆区应选择在太阳入射角大于 $10°$ 时作为着陆时刻；随着着陆区纬度的升高，要求着陆时刻的太阳入射角也增大。而在月夜期间，不同纬度地区的最低温度大致相同。

考虑到月面光照条件。各个着陆区所受光照周期约为 28 天。也就是说在 28 天内，有连续 14 天左右的时间着陆区会在太阳光照范围内，其余时间均不在太阳光照范围内。在着陆区太阳光照射范围内，太阳入射角（太阳光线与月面法线的夹角）的最大值约为 90°，而太阳入射角的最小值相当于着陆区当地的地理纬度值，太阳入射角越小，则说明当地的光照条件越好。

我国月球着陆场最佳选点

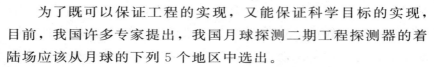

为了既可以保证工程的实现，又能保证科学目标的实现，目前，我国许多专家提出，我国月球探测二期工程探测器的着陆场应该从月球的下列 5 个地区中选出。

1. 虹海。虹海是雨海西北角为 260 千米×400 千米的撞击坑填充平原，它的西部和北部的边缘处于良好状态，那里布满了月海玄武岩，地势比较开阔平坦，位于大型撞击坑、月海、高地（山脉）交汇地区，更方便科学考察目标的选择。苏联和美国载人和不载人的软着陆地点的纬度都低于 30°，但这里的纬度高达 40°多，自然，这个地方是苏联和美国都没有探测过的，如果能在这里软着陆，我国将实现探测器在月面上最高纬度的地方软着陆。

2. 阿里斯基撞击坑附近。阿里斯基撞击坑处于雨海东部，地形开阔平坦，纬度达 34°，是另一个较高纬度的软着陆候选地点。雨海是面积最大的月海盆地，有许多的月海物质和辐射纹，紧挨着阿基米德坑、奥多利卡斯坑和卡西尼坑，地质现象丰富，有利于科学探测目标的选择。与开普勒坑相似，该撞击坑是地质年代最新的撞击构造，周围到处都是岩石碎块，在这个地方着陆，月面巡视探测器则很容易找到月岩等分析对象。

3. 酒海。酒海处于月球正面的南半球，直径约 333 千米，是国外至今还没有进行过着陆探测的地区。该地区地势比较开阔、平坦，靠近月陆，盆地物质主要为下雨海记玄岩，地质现象丰富，有利于科学考察目标的选择。

4. 湿海。湿海处于月球正面南半球的小型环形月海，直径约 389 千米，也是国外仍然还没有进行过着陆探测的地区。该区域地势较开阔平坦，离月陆很近，环形酒海的山脉恰好分隔撞击盆地的边界，地质现象丰富，有利于科学考察目标的选择。

5. 开普勒撞击坑附近。开普勒撞击坑处于月球风暴洋的中东部地区，风暴洋是位于月球西部的大型月海，由玄武质火山喷发岩浆填充而形成的。开普勒坑发育有辐射纹，有明显的视觉特征，很容易辨识。该区位于月海，又靠近撞击坑，同时因为撞击抛射物堆积，同上述地区相比，这个地方的地形比较复杂一些，但总体上仍然是比较开阔、平坦的。这个撞击坑太阳反照率很高，是地质年代最新（哥白尼期）的撞击构造，风化程度比较低。由于撞击作用将月表以下几千米的岩石"挖掘"到了月表，大大小小的岩石碎片到处可见，探测器在这个地方实施软着陆，月球车能够很顺利地找到月岩等分析对象，对这些来自月球地下的石头进行分析，对于研究月表和月壳物质的组成，具有十分重要的地质意义。

着陆器软着陆的实现

软着陆器在月面上安全着陆，技术十分关键，如果着陆器不能在月面上安全着陆，一切努力都将白费。

着陆器在月球上软着陆，要突破缓冲技术，减缓探测器下降过程中产生的巨大冲击力，最后安全着陆。我们知道，目前为止，国外发射的探测器在月球和火星上着陆所使用的着陆缓冲装置大概分为两类，一类是气囊式，另一类是着陆架式。气囊式采用充气气囊来缓解探测器下降过程中产生的巨大冲击力，而着陆架式是在着陆腿内安装各种形式的吸能装置，起到缓冲效果。

1. 气囊式着陆缓冲装置

对国外的相关资料进行分析后，会发现，气囊式着陆缓冲装置由单个气囊和多个气囊组合两种方式组成，一般包括气囊、连接框、气体发生器、气体释放装置等。这个装置就好像一个大气球，将整个探测器包围起来，因为里边充满了气体，所以在探测器与星球表面接触的瞬间，会产生巨大的弹力，继而减缓对探测器的冲击。

近几年来，美国在火星着陆探测中，采用了气囊式缓冲系统。其特点是，在着陆过程中反弹，时间的稳定性比较长。比如，美国火星车着陆火星后，探测器反弹高度是气囊释放高度的 12 倍，着陆后气囊稳定及放气的时间将超过 2 小时。气囊式着陆缓冲系统有利于有大气的、多石块的天体，但是系统组成很复杂，对充气和放气控制有更高的要求，更多适合于小型着陆探测器。

2. 着陆架式缓冲装置

着陆架式缓冲装置其实就是在探测器的下边，安装了着陆腿，在着陆腿的内部设计了相当于弹簧似的缓冲机构，在探测器与星体表面接触的一瞬间，凭借着陆腿内部的缓冲机构，在探测器与星体表面接触的一瞬间，吸收了大量的能量，继而减缓对探测器的冲击。其特点是着陆姿态稳定，通过机构设计可以实现不反弹，装置系统简单，承载能力也较强。着陆架式缓冲装置有"三腿式"和"四腿式"两种方式。"三腿式"相对简单一些，而"四腿式"的可靠性高，安装布局更方便，因此，采用"四腿式"着陆缓冲机构将成为我国月球探测二期工程着陆器设计中着重研究的方案。

神州探月

火星探测车

近些年来，着陆架式结构在月球软着陆探测及火星探测、小行星等天体探测中，被大量使用。在所有苏联、美国已经实现的月球着陆探测中，只有月球 9 号、13 号这样重量仅仅在 100 千克左右的小型着陆装置使用气囊式缓冲系统外，其他的采用着陆架式缓冲系统。

美国的早期火星着陆探测中，也采用着陆架式，后来开始采用气囊式缓冲系统，主要因为：火星有大气层，可先采用气动减速衰减绝大部分相对火星表面的速度，并保持气囊抛下的时候垂直火星表面的姿态；火星表面大多坚硬石块的地形，易撞坏着陆腿。目前着陆的火星探测器体积质量都不大（火星车170千克），其气囊式缓冲系统总重约120千克，由气囊、气囊的收拢与释放装置、支撑结构、高压气体、充气装置、气压释放装置等部分组成，因此，采用了气囊式缓冲系统。

对上述情况的研究分析后可以认为，因为月球表面没有大气，且地势比较平坦等情况，从既能保证二期工程的实施，又能与三期和将来实施载人登月的技术相衔接，采用着陆架式缓冲结构更加有利于我国月球探测二期工程的实施。为使着落更加稳定，着陆架腿间的跨度要大于着陆探测器自身的横向包络尺寸，如果在发射状态超出运载火箭的包络曲线则要考虑着陆机构在发射状态的收拢方案，入轨后展开。

"嫦娥"二期的飞月路途

1. 运载火箭和发射轨道的选择

减少所携带的燃料是减少探测器的重量的主要方式，减少携带的燃料就必须增大运载火箭的推力，能把探测器送得更远一些。因此，我国月球探测二期工程可能会使用"长征"3号B火箭，直接将探测器送入地球至月球转移轨道，这样，就能减少探测器所携带的燃料。

2. 地球至月球转移轨道初步选择

通过初步研究，我国科学家认为，在月球软着陆的飞行方式基本上可以将探测器分为两类：

第一，从地球直接进入近月点和月球相交的地—月转移轨道，在接近月球时制动探测器，最后实现在月表软着陆。这种方式轨道很简单，飞行时间较短，大约需要3～4天，但是对轨道的测控精度要求较高，减速过载较大，对发射窗口要求非常严格，落点精度不高。第二，从地球进入近月点和月球不相交的地—月转移轨道，在月球附近制动进入环月轨道，再从环月轨道开始降轨着陆。这种方式有很充分的环月运行时间，能用来选择、控制着陆时机和对设备进行测试，落点精度高。但是飞行时间比较长，需要大约 6～7 天。我国专家在对两种方法的优点和缺点进行比较的同时，并参考国外的方案，最终选定第二种着陆方法。这样既能继承"嫦娥"1号首次探月过程中的轨道设计与控制技术，又能为未来载人登月打下良好的基础。

3. 环月轨道的初步选择

由于探测器在月球上软着陆前，必须经过环月飞行阶段，这就涉及环月轨道的选择问题。环月轨道的选择主要考虑对发射轨道和着陆阶段的影响。环月轨道高度越低，整个飞行过程最终所需要的速度增量越小，考虑到对"嫦娥"1号首次探月技术的继承性，月球软着陆探测器在到达近月点后，首先将通过近月制动，开始进入环月运行轨道，即 200 千米高度的圆轨道，然后开始变轨，使之进入 15 千米×200 千米的极月轨道，最后实施下一步的着陆下降过程。

环月轨道的倾角对发射轨道影响很少。改变环月轨道的倾角会改变环月运行期间月面覆盖的特性，并且对后边的着陆段产生影响。考虑到目前着陆区还没有确定，采用极轨可以在有限时间里依次飞过 5 个备选着陆区；同时由于改变环月轨道倾角对着陆过程也没有明显的好处，所以，专家认为，探测器的环月轨道倾角以 90°为好。

4. 着陆段的轨道选择

近月点高度越高，也就造成着陆器着陆制动减速时间越长，着陆点的误差越大，而降低探测器近月点的高度，虽然对减小着陆点误差有好处，但是，近月点高度降低后，对轨道控制的要求却提高很多，同时，由于我们对月球重力场的了解还不够，近月点高度降低后，在着陆前探测器撞击月球表面的风险增大。针对这种情况，我国科学家在参考国外的资料的同时，根据我国月球探测工程的实际情况，建议将探测器着陆段的轨道初步选择在近月点的高度为 15 千米的地方。

5. 着陆器的着陆过程素描

专家认为，我国月球探测二期工程着陆器的着陆过程大致可分为四个阶段。

（1）从距离月面 15 千米～2 千米段：利用较大推力，减小探测器与月球的相对速度，为主减速段。

（2）从距离月 2 千米～100 米段：采用较小推力进行制动，进一步减小探测器相对月面速度。

（3）从 100 米～4 米段：抵消月球引力场加速度引起的速度。在这一阶段，为保证着陆安全与准确，探测器可做一定的悬停以选择合适的着陆地点。

（4）从 4 米到降落在月面：一般采用自由落体式。主要目的有两点：一是防止发动机喷气引起月壤的飞溅，将光学探测器的镜头污染。二是防止发动机喷气作用改变月壤的化学成分。整个制动过程的时间不超过 30 分钟，着陆段航程约 700 千米。

"嫦娥"二期工程的关键技术突破

我国月球探测二期工程比一期工程有很大的深化和突破，在这个新的领域，需要突破的环节还有很多，核心是能力建设。在继承一期工程取得的技术成果的基础上，根据二期工程的科学目标，需要突破的关键技术主要有：

1. 探测器系统总体方案设计技术

我国月球探测二期工程的探测器对于以往的卫星、飞船来说是完全新型的航天器，与"嫦娥"1号的设计思路有许多的不同，主要任务是实现探测设备登上月球，并进行科学探测。主要工程技术目标是突破月球软着陆、月球车及其他相关技术，研制和发射月球软着陆探测器和月球车，建立月球探测航天工程基本系统。月球软着陆探测与以往的地球轨道返回着陆相比有着本质的不同和非常大的技术难点。专家设想，我国的月球软着陆探测将由着陆器和探测器两部分，或者再加上轨道器三个部分组成，必须相互配合才能完成探测任务。同时，探测器系统承载的科学仪器种类很多，工作模式必须相互切换，这对探测器系统的总体设计提出了新的要求；探测器系统经历运载火箭发射段和着陆冲击段两段力学环境和月面复杂的空间与地理条件，比以往的航天器面临的考验更多。探测器系统的组成、轨道设计与优化、总体构形设计、主要技术指标确定、各分系统技术要求与技术指标的匹配性分析等，都是必须解决的关键技术。

2. 月面巡视探测器（月球车）研制技术

月球车是一种月球探测器，能够完成在月球表面移动和探测、采样、运载等任务。利用月球车对月面进行就位探测，是我国月球探测二期工程的重头戏，月球车虽小，但技术含量很高，并且五脏俱全。因此，必须突破月球车

中国月球车

总体方案设计与优化、月球车移动技术、定位、路径规划与控制等大量的新技术。

3. 运载火箭发射技术

由于月球软着陆探测任务具有发射要求速度增大、入轨精度要求高、发射窗口较小、发射轨道要随发射时间而改变等特点，因此，对运载火箭发射技术来说，提高运载能力、入轨精度、提高发射适应性等关键技术问题都必须解决。突破运载火

神州探月

箭关键技术，是保证我国月球探测工程顺利进行的重要环节。

4. 测探通信技术

位于澳大利亚堪培拉附近的深空地球站

在 40 多年的时间里，人类的视觉靠着航天技术已延伸到太阳系的所有行星及其部分卫星。深空探测器的跟踪测量技术、深空通信技术也在不断发展。目前，美国、俄罗斯、日本等国家和组织都建有深空测控通信站，并进行了一系列非常有成效的深空探测活动。

专家认为，为确保软着陆探测任务的完成，地面应建立相应的深空测控网。其中的大口径多频段高增益天线站技术，测控通信站的规模和布局、深空测控系统采用的频段、信号形式和调制方式等都是必须解决的关键问题。需组织开展技术攻关的深空测控通信关键技术主要包括：深空测控总体技术、深空测控体制研究、轨道测定与控制技术、深空测控设备及相关技术、天线组阵技术等。

5. 月球软着陆自主导航与控制技术

月球软着陆的过程与地球轨道航天器的气动返回不同。因为月面环境的不确定性和着陆轨迹的复杂性，需借助探测器的制导导航与控制系统实现基于敏感器的自主导航，并研究相应的算法实现着陆段的地形识别与避障，来保证着陆的精度与安全性。对月测速、测高及地形识别的敏感器在以往航天器上都没有使用过，同时，对作为控制系统执行机构的发动机与推力器也有很高的要求。发动机的延长寿命、提高比冲等问题急需研究。

6. 着陆器结构与缓冲机构技术

着陆缓冲机构是着陆安全的重要保证。要可靠吸收着陆冲击能量，并且在一定的地形条件下，能够使着陆器不反弹、不翻倒。因为着陆器携带大量燃料、服务设备及科学仪器，所以，专家认为，架式结构更有利于我国月探测二期工程的开展，而大型承力式桁架结构我国以往航天器上没有采用过，包括桁架的承力路径分析、材料的选取、接头杆件的设计等。缓冲方式的选择、缓冲材料的选取、缓冲系统各参数的选取与优化等都是必须要解决的关键问题。

7. 月面探测的测控通信技术

地面深空网建立以后，仍需对探测器上的测控通信系统进行更深层次的研究，包括研究高增益的编码技术，研制双频应答机，比较不同类型的天线的优劣等。同时，为解决着陆器和月面巡视器在月面上工作期间相互间的通信问题，还需研究月面的电波传输特性、绕射特性，并对超视距通信的可行性进行探讨。

8. 月面生存的热控技术

月夜的温度环境很恶劣，没有太阳能可利用给热控带来了极大的困难。同位素技术是解决探测器渡过漫长月夜的必要技术，这种技术是首次在我国航天器上使用。研究同位素系统的设计，热能的利用、相应的热控措施、试验验证、辐射防护等。同时，在月面复杂外热流环境下，必须采用新型的热控技术才能保证顺利渡过高温和低温环境。如热开关、相变材料等。

9. 小型化电子技术

月球探测器的高风险与高成本对探测器的重量与功耗有很大限制。探测器上的各种电子设备的轻小型化低功耗设计与研制是深空探测器必须解决的关键问题。

10. 月面巡视探测技术

主要由月面巡视探测器（月球车）移动技术和一体化驱动

组件技术、环境感知、识别与建模及传感器数据处理技术、月面的定位、路径规划与控制技术、遥控操作技术等组成。

11. 月面工作机构研制技术

探测器上的工作机构要在月面 1/6 重力条件下工作，这是以往航天器中没有的。为满足月夜月昼交替的需求，必须实现机构的重复展开与复位。为支持科学仪器的工作，要研究相应的机械臂，同时控制它完成预定的任务。

12. 仿真与地面试验验证技术

软着陆与巡视探测任务同典型的地球轨道航天器任务相比起来，具有非常特殊性，所经历的环境条件更加复杂。在设计过程中，必须进行仿真与地面试验验证工作，才能达到总体方案比较、关键技术问题分析、技术途径验证等目的。

着陆过程的轨道设计与控制、着陆冲击载荷、着陆后探测器的热环境、光照环境、测控通信链路等技术都必须通过地面数学仿真的手段来验证。着陆过程为实时控制，变化因素很多，控制难度较大。为保证下降平稳和着陆安全，对制导导航与控制系统和发动机都提出了非常高的要求，需要保证多台发动机及姿态发动机协调工作，工作方式为连续加脉冲工作，其工作过程要经过地面验证。着陆的稳定性与冲击载荷能否满足要求，相应地面进行多种工作状况的组合验证，验证与优化着陆器缓冲系统的设计。

同时，巡视探测器的通过性、稳定性也必须在相似的月貌环境下进行地面验证，以此来确认它越过障碍的能力，使规避障碍的能力、抗侧倾的能力、爬坡能力等技术指标合格。探测器在月面所经历的外热流环境也是在地面所必须进行试验验证的关键项目。

第七章　揭秘月球车

月球车的发展历程

月面巡视探测器（月球车），是一种高度集成的航天器，能够在月球表面移动，完成探测、采样、运载等任务，也可以理解为能适应月球环境，携带科学仪器在月面进行巡视探测的月球探测器，是完成零距离月球探测任务的重要平台。

国外从 20 世纪 60 年代开始研制月球车，苏联和美国都已成功地在月球及行星表面将月球车和火星车用于巡视勘察和就位探测。

20 世纪 90 年代以来，美国、日本、俄罗斯、欧盟、印度等国家和组织，相继提出了研制和发射各种具有不同特点的巡视探测器的计划，迎接了大规模月球和火星探测高潮的到来。

近几年来，国内相关研制单位、高校展开了对月球车的研究并且取得了初步的成果，一些样机纷纷出现在各种场合。

苏联和美国在月球及行星巡视探测器方面遥遥领先于世界。20 世纪 70 年代，苏联在探月过程中，成功地将人类第一台月球车送上了月球，从此开始了近距离月球探测活动，并且先后发射成功"月球－1"和"月球－2"月球车。有关资料记载，在进行月球探测过程中，苏联和美国先后研制了 5 款月球车。美国成功地把火星车送到了火星表面，并圆满地完成了火星探测任务，先后成功发射了"索杰纳号"、"机遇号"和"勇气号"火星车。

1970 年 11 月 17 日，航天史上的第一辆月球车搭乘苏联

神州探月

"月球" 17 号探测器登上月球，释放了"月球－1"月球车，"月球－1"长约 2.94 米，宽约 19.6 米，质量 756 千克，车体结构由轮式底盘和仪器舱上下两部分组成，用太阳能电池板和蓄电池联合供电。

月球车的下边有 8 个轮子，各车轮内部组装了电子机械驱动机构，能够登上 30°的斜坡，越过 40 厘米高的障碍和 60 厘米宽的沟壑。该车有两个速度档，分别为 1 千米/小时和 2 千米/小时。因为月面坎坷不平，以及无线电信号在月球和地球之间来往传输的延迟，实际运动速度仅为 0.1 千米/小时。它的主要由地面遥控操作，由 5 个人组成的地面工作小组根据图像来控制，其中一个人负责控制螺旋天线，让它始终朝向地球的方向，保证系统和地面通信的畅通，每天要操作大约 30 次左右。

由于夜晚月面非常寒冷，仪器舱内安装了同位素热源来为月球车保温。"月球－1"总共行驶了 10540 米，考察了 80000 平方米范围的月面，拍摄照片超过 20000 张，在行车线的 500 个点上对月壤进行了物理力学特性分析，还对 25 个点的月壤进行了化学分析。除此之外，它还收集了大量月面辐射数据。这台原本设计寿命仅有 90 天的月球车，在月球"雨海"地区运行了 10 个半月，直至携带的核能耗尽。

"月球－1"的成功，让美国的航天专家为之震惊。1971 年 7 月 26 日，"阿波罗" 15 号飞船把美国第一辆月球车——"巡行者" 1 号带上月面。与"月球－1"不同的是，这款月球车有人驾驶。"巡行者" 1 号价值 4000 万美元，

宇航员驾驶月球车

长 3 米，宽 1.8 米，重 209 千克。它是一个双座四轮的自动行走装置，以电池为动力，最高时速可达 16 千米。7 月 31 日，

"阿波罗" 15 号飞船上的宇航员驾驶这辆月球车开始在月面上游行。

他们总共出舱活动 3 次，时间长达 18 个小时。其中驾车时间大约 6 个小时，在 27.9 千米的旅程中，他们以车代步，爬越障碍，翻越沟壑，对山脉、峡谷和火山口进行考察，并把清晰的彩色图像传回地面，场面激动人心。

"巡行者" 1 号在设计上似乎有一些缺点，在一次旅行中因为它的前舵轮操作不灵，回转系统出了故障，只得依靠后轮拐弯。

1972 年 4 月 22 日，"阿波罗" 16 号飞船的两名宇航员在月面笛卡儿高地乘坐"巡行者" 2 号行驶了 9.5 千米。自动重新启动、故障诊断和健康自报，以及温度监视等资源管理，在行进中可以自主导航，到达目的地。当地面指挥系统指示其到某个特定地点后，能够按照自己所掌握的火星的实际情况，选择一条行进路线。

新一轮月球探测热兴起之后，很多国家都制订了月球车探测计划。综观世界主要航天国家的计划，2010 年左右计划发射的月球探测器可携带的月球车情况如下：

1. 美国：Aitken，组成：着陆器＋返回器；任务：主目标为南极采样返回；

2. 欧洲：EURO2600，组成：着陆器＋轨道器＋微型巡视探测器；任务目标：着陆器在月球南极，对氢等物质成分进行探测。全月面遥感和重力场测量。主要指标——发射：2900 千克；着陆器：1000 千克，其中载荷 250 千克；轨道器：300 千克；巡视探测器：公斤级。

目前，欧空局（ESA）已经同欧洲工业界及研究机构合作，开始实施一项"技术研究和开发计划"（TRP）。"移动仪器部署装置"（MIDD）是这项计划的一部分，也就是研制轻重量、结实耐用的漫游车。这样的漫游车要有一定的移动性能，为预选的、着陆点附近的科学目标点提供进行移动科学测量的能力。

欧洲研制的微型月球车

1972年12月6日，美国到目前为止最后一辆月球车"巡行者"3号，搭乘"阿波罗"17号飞船在月面陶拉斯·利特罗山脉登陆。宇航员在月球上长达75小时，乘月球车行进距离达到35千米。他们在这一次探险中找到了橘黄色和深红色的土壤，获得重大发现。

1972年12月14日，"阿波罗"17号成为离开月球的最后一个载人航天器，宇航员格尔曼是最后一个将足迹留在月球的人。但是人类对月球的探索并未停止，1973年1月8日，苏联把一辆无人驾驶型"月球－2"再次释放在月面的"澄海"地区。这辆更加先进的月球车重840千克，在4个月的时间里行进了37千米，发回许多的月面全景图，并用车载的X射线分光计对月球土壤进行了化学分析。

1997年7月4日，美国的巡视探测器"索杰纳"号在着陆器附近100米范围内进行了探测，成功完成了对火星表面实地探测的预演。该探测器的质量为11.5千克，全部展开后几何尺寸为65厘米×48厘米×30厘米，距地面净高15厘米，车轮直径13厘米，宽度6厘米，移动子系统为六轮驱动，四轮转向，每侧三个车轮间采用摇臂结构连接，两侧车轮之间用枢轴连接，车体被固定在枢轴上。

车轮装有6台驱动电机，每台角轮有一台转向电机，实现了六轮驱动和四轮转向，转向半径为74厘米，静态稳定性35°，最大移动速度为0.7厘米/秒，主要工作模式是局部自动加遥控操作。导航系统按功能划分为：①目标指定。地面操作人员利用着陆器传回的立体图像对三维路径或目标点进行指定。②车体定位。地面操作人员每天更新车体位置，并同航位推算相结合，实现定位。在每个火星日结束前，地面操作人员利用图像实现定位，同时把车体的位置和方位上传给着陆器以供第二天的操作。③障碍监测。利用激光条纹传感器、车体副摇臂甬度传感器、倾斜仪、电机电流传感器以及接触传感器监测石块、坑和坡。④路径选择。根据避碰传感器的状态，利用简单的转向逻辑，完成路径选择。探测器对恶劣的火星环境下小型火星车的性能进行了试验，完成了一系列技术试验，其中包括：确定车轮和土壤的相互作用，自主避障穿越地形的能力，研究车的性能（包括能源、热控、通信），传回了大量的图片和土壤成分数据等。

2004 年 1 月，美国着陆于火星的"机遇"号和"勇气"号两种探测器，最主要的科学使命是通过取样，观察沉积、蒸发、冲击渗透或水热活动，寻找火星有无水的迹象。液态水是否存在能表明火星上是否有生命的存在，还表明火星气候、地质特征。探测器质量为 185 千克，外形尺寸 150 厘米×230 厘米×160 厘米，车轮直径 25 厘米，宽度 20 厘米。探测器装备有带 6 个轮子的摇臂悬挂系统，在坎坷的路面上运动能够保证 6 个轮子都与地面接触，能越过 25 厘米高的岩石，轮毂花纹要满足在柔软的沙地和突出的不规则的岩石上爬坡的要求。每个轮子都有独立运转的电机驱动，前后两个轮子各带有转向装置，能使车体在原地做 360°转向，也可以使车做突然转向和曲线运动。在 45°斜坡上的任意方位都能保持不倾覆。在坚硬平直表面上的最大速度是 50 毫米/秒，但出于安全考虑，自带的规避障碍软件会让车每行进 10 秒，就停下来花 20 秒进行车体定位，所以实际速度是 10 毫米/秒。主要工作模式是长距离的自主导航加遥控操作，具备有自主判断和决策能力。

欧洲和日本的月球车

1. MIDD 型漫游车

随着欧空局包括月球探测、火星探测在内的一系列科学计划的实施，提出了在行星表面进行漫游测量的需求。科学研究表明，要在着陆点附近安装多个仪器测量感兴趣的目标，尤其是对行星表面岩石的测量与分析。根据美国"海盗"（Viking）系列探测器的飞行任务经验（海盗－1、2分别于1975年和1976年在火星表面着陆），因为取样臂长度的限制，只有有限的研究岩石能力，而对于离着陆点较远的区域则无法进行探测。因此，携带科学仪器的小型漫游车将会提供行星表面若干个目标点的详细研究能力。

根据具有基本的运行能力这一原则漫游车最终选择了一种独特的设计方案——不装备单独的电源，而是利用着陆器的几个典型分系统。

它由一个系链由着陆器供电（即不装备独立电源）和与着陆器间进行指令及数据的传输，这样就能最大限度地降低移动（漫游）车的重量和复杂性。

首先选择和确定了移动车距着陆器的距离为50米半径的范围，以此来简化该移动装置的设计。尽管范围不是很大，但与着陆器装置的操作器比较，仍然使可研究的区域增加了几个数量级。

MIDD的设计目标是，在总重量5千克以内安排合适的科学有效载荷对着陆点附近的区域进行研究。

法国1ARES验证器（漫游车）拥有先进的移动底盘和机械臂，也拥有机器自动控制和遥控操作所必需的所有设备和功能。该项目体现了欧洲为未来的行星任务设计、开发、总装和验证移动（漫游）机器人的能力。

2. 日本 SELENEB

组成：着陆器＋巡视探测器。任务目标：在月面环形坑的中央处着陆，月球起源与演化进行研究。主要指标——发射：2000千克；干重520千克；巡视探测器30千克；发射：4750千克；着陆干重：1332千克；其中包括返回器579被动轮，取样返回3.6千克。

日本早在20世纪80年代初，制订了月球探测计划，于1991年1月发射成功1颗月球探测。目前日本正在研制3颗空

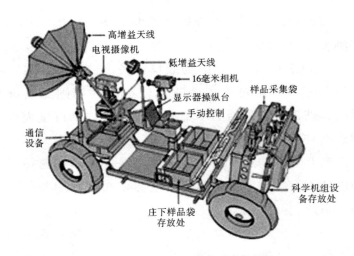

高增益天线
电视摄像机
低增益天线
16毫米相机
样品采集袋
显示器操纵台
手动控制
通信设备
科学机组设备存放处
庄下样品袋存放处

"阿波罗"15号使用的月球车结构图

间探测器，其中有两颗将用来装载月球车和行星车。为此，日本正在研制月球子母车。这种月球车既能在月球和行星上长距离行走观测，又能进行科学探测。这种车包括子车和母车两部分。母车在较平坦的地区如意行走。如果需要，子车可以与母车分离，在坎坷不平的地带和悬崖附近实施艰巨的特殊探测任务。因此，这种月球、行星车的主要特点是能在母车和子车合作的情况下完成科学探测任务。

月球车的基本结构

月球车是一种特殊的航天器，与传统的卫星、飞船不同，在月球目标着陆前，月球车是着陆器的有效载荷，着陆后，月球车则成为独立、完整的移动探测器。月球车可以分为有人驾驶漫游车和无人驾驶漫游车两类。

1. 无人驾驶漫游车

无人驾驶月球车包括轮式底盘和仪器舱两部分，用太阳电池和蓄电池联合供电。底盘上装有电动机驱动和使用电池继电器制动的轮子，借助弹性吊架减震。轮子上装有解锁机构，能按照地面指令使轮子和传动机构脱开，将主动轮变为被动轮，实现机动行驶，在出现紧急情况（车子横倾和纵倾超过规定角度）时，解锁机构能使全部轮子与传动机构脱开，防止漫游车倾覆。仪器舱内装有土壤采集分析装置、光谱测量仪、辐射剂量仪、照相机、摄像机和通信收发装置等。为使仪器不被月球的昼夜温差变化影响，仪器舱还装有温度控制用的热辐射器（夜晚盖上，白天打开）。由地面上的操作控制人员用地面和探测器上的各种无线电装置对漫游车进行遥控，以保证发射和接收遥控指令、遥测信息和视频图像。

2. 有人驾驶月球车

有人驾驶月球车靠航天员驾驶在月面上行走，主要为了扩大航天员的活动范围和减少航天员的体力消耗，同时存放和运输航天员采集的岩石和土壤标本。有人驾驶月球车依靠蓄电池供电，每个轮子各由一台电动机驱动。轮子一般由特制橡胶制成，在很低的温度下也有弹性。航天员操纵手柄驾驶月球车前进、后退、转弯和爬坡。车上装有照相机、摄像机、磁强计等设备，专门用来拍摄月面照片和探测月球物理性质。

月球车的特点

月球车包括移动性、适应性、自主性和功能性等四个特点：

1. 移动性：月球车因为能够在月球表面上行走、移动，所以叫车，它具有一定范围的移动空间，所以扩展了探测范围，为科学目标的实现提供了重要手段。

2. 适应性：必须具备环境适应性，既要解决航天器面临的真空、低温、辐射等环境适应性问题，还必须解决月面地貌、月尘、月面红外辐射等特殊的环境适应性问题，拥有抗倾覆、月夜生存等能力，确保其正常工作。

3. 自主性：必须根据月面巡视的实际通信条件，来克服时延、带宽等限制，拥有很强的环境感知与识别、路径规划等能力，还拥有较强的任务分析、规划及实现能力。

4．功能性：携带科学仪器是月球车的主要功能，对感兴趣的月面目标实施就位探测，实现在月面进行亲临其境的科学考察和巡视勘察。

在对国外月球车的研究历程中发现，月球车受质量、体积和功耗的限制，设计时要想到功能的集成；月夜条件下月球车长时间没有光照，同位素温差电池技术是解决月球车过夜所需能量问题的优选途径；根据月面环境的复杂性和通信的时延，月球车导航控制方式由遥控操作与自主相结合，慢慢向自主的方向发展；目前国外成功的月球车和地面样机移动分系统以轮式结构为主；月球车研制工作必须通过充分的仿真与地面验证。

月球车设计与月球环境

月球环境会对航天器造成非常大的影响。主要有：灰尘对表面涂层和机械部件有磨损，辐射会发生意外事故和光学涂层老化，真空环境会使紫外辐射老化和除气作用，热环境会使航天温度急剧变化，地形环境会使航天器被困于陷坑，微小陨石能够撞击损坏，太阳地球月球几何能造成长日，夜循环和固定的地球视野。因此，月球车在设计中，必须考虑7方面的月球环境：灰尘环境、辐射环境、真空环境、热环境、地形环境、微小陨石环境、太阳地球月球几何。

1．灰尘环境

由于月球灰尘具有特殊的性质，可能会导致许多问题。月球灰尘微粒虽然细小，但具有很大的磨损性，能使轴承、齿轮和密封不够好的其他机械机构产生磨损。月球灰尘含有的静电荷能使其牢固附着在所有的非地基导体表面。登陆月球的航天员曾在报告中指出，灰尘紧紧粘附在宇航服表面，从他们的设备上去除灰尘非常困难，用笤帚很难扫掉。灰尘能够在着陆器推进器点火或受到微小陨石撞击时从月面升起，也可能因为太阳紫外辐射产生的电荷的影响偶尔沿着晨昏线（日夜边界线）升起。尽管科学家还不能完全理解后者的机制，但估计灰尘升起的高度不会超过 1.5 米。

悬浮灰尘主要因为月球车和土壤的相互作用。在对"阿波罗"—17 飞船的月球车（LRV）的录像中看到，从车轮下喷溅出来的灰尘数量很大，高度超过 2 米。

2. 辐射环境

在运行期间，月球车将遭遇很强的空间电离辐射环境：较大通量的低能太阳风粒子，较小通量的高能银河宇宙辐射（GCR），有时会有太阳耀斑发出的强粒子辐射（SCR）。除了电离辐射能到达与月球表面外，也有不少数量的软性 X 射线和紫外线到达月球表面。

太阳风粒子是攻击月球车的数量最多的粒子，但是因为太阳风粒子能量比较低，它对月球车的影响比银河宇宙辐射和太阳耀斑事件要小。太阳耀斑一年会出现几次，能够以很高的能量放射出大量的粒子。这些耀斑的持续时间从几个小时到许多天不等，能够发出高能粒子对月球车轰击，损坏月球车的表面、结构整体和电子元件。这些高能质子能够使光学材料电离，它们由于数量很大，可以使那些材料充满瑕疵。在选择结构材料和月球车内的零件安装位置时一定要考虑这一辐射因素。

粒子有很高的能量，它们会损坏电子元件。一个单一的粒子就能够损坏一个电子元件，它还能通过能量损失、弹性和非弹性散射过程对该元件造成故障。太阳紫外线和软性 X 射线光子的能量可以使光学材料产生缺陷点，能够在较浅深度导致暗色化。

3. 真空环境

月球空间是高真空环境，单位体积粒子数量比低地轨道还要低两个数量级。高真空环境使月球车无法使用许多普通塑料和橡胶，因为这些普通材料含有挥发成分，在真空环境中它们的强度和柔韧性将会大大降低。挥发物质也能聚集到光学器件和传感器表面，这些部件的效率会因此降低。可以使用经充分试验后具有较低气压的有机物、有机金属和有机硅烷聚合物（和共聚物）材料，但要保证它们的光学和/或机械特性足够稳定，经受得住太阳辐射的影响，且它们的温度要保持在出现玻璃态转变的温度之上。因为月球空间的真空程度和低地轨道不同，用于低地轨道的聚合物材料不一定可以用于月球。

神州探月

4. 热环境

月球车周围的热环境包括来自太阳的直接太阳通量、月球反射通量和月面直接发出的红外辐射。在月球白昼期间，这些热环境能使月球车升温，但在月球黑夜期间它们不供给任何热量。

太阳通量是指太阳发出的在给定距离上通过给定面积的能量数量。在月球轨道上，从破晓到日暮，这一数值的变化大约为 1%。在月球黑夜期间，太阳通量为 0。

月球车往往在极端环境中，这一极端环境等于月球车从极高温蒸气环境到液态氮的极低温环境。

5. 月球地形环境

月球表面的地形形态因陨石撞击而成。持续不断的微流星体撞击使月球形成了极端精细和松散型紧密的土壤。许多大型的地貌特征，如陡峭的环形山壁和巨石，对月球车来说是很难逾越的障碍。庆幸的是，陨石撞击具有随机性，与地球的地质特征相比，这些地形的分布很不规则。因此，月球车能够绕过障碍向目标移动。

估计月球车遇到的最大斜坡约为 25°～30°。在整个任务过程中，平均坡度将低于 2°。月面的外表面是浮土层，它的静止角约为 35°。在陨坑附近，软土层比较深，因此一定要尽量减小车轮接触压力。

我国月球车探测的主要任务

开展月球车研制，是我国月球探测二期工程研制中的"重头戏"，也为我国以后的深空探测奠定了基础，将带动我国相关科学与技术的发展。我国月球车的研究目前处于概念、理论研究和展示样机的试验阶段，很多与工程紧密相关的月面巡视探测器关键技术还没突破，与先进国家有很大差距，我们要在继承国外月球车研制已取得的技术经验基础上，开展大量的研究工作。

月球车作为我国月球探测二期工程探测器系统的重要组成部分，承担着在月球表面运动并进行多点定位探测的任务。

根据月球探测二期工程的总体规划和探测器系统所承担的任务，月面巡视探测器的科学探测任务包括：①月表形貌与地质构造调查；②月表物质成分和资源勘察；③月球内部结构研究；④月壤物理特性探测。

实施在月球表面的巡视勘察，是我国首次对地球以外的天体进行多点就位方向探测，完成上述任务，对月球车在技术上有很高的要求。①月球车必须能承载探测仪器在月球表面进行多点就位探测；②月球车要在月球表面一定区域安全行驶，并顺利接近感兴趣的探测目标；③月球车以地面遥操作控制为主的同时，必须能够自主实现危险应急和局部避障；④月球车要能够适应月面环境，安全渡过月球黑夜，在遇到月球寒冷的环境后，不能"死机"。

驶上月面的中国造月球车

月球车是一种特殊的月球探测器。

在月球着陆前，月球车是月球着陆器的有效载荷。着陆后，月球车则成为独立的、完整的能够在月球移动的月球探测器。

苏联在 20 世纪 70 年代初，曾成功地向月球发射了两辆无人驾驶月球车，其中的月球车1号搭载月球17号探测器上登陆月球。这辆无人驾驶月球车长2.2米，宽1.6米，质量756千克，由轮式底盘和仪器舱组成，由太阳能电池和蓄电池一起供电。

有人驾驶月球车由航天员驾驶，主要用于扩大航天员在月面的活动范围，减少航天员的体力消耗，存放和运输航天员采集的岩石和月壤样本。"阿波罗"15号飞船在1971年7月26日，把美国第一辆月球车——"巡行者"1号带上月面。与苏联"月球"1号不同的是，这款月球车有人驾驶。"巡行者"1号长3米，宽1.8米，质量为209千克，以蓄电池为动力，最高行驶速度可达16千米/小时。

我国探月工程者规划，探月二期工程将实施落月探测，即月面软着陆探测与自动巡视勘察。预计在2012年前后，我国将向月球发射一个软着陆器。这个软着陆器在月面着陆后，将向月球释放一辆月球车。月球车携带摄像机和多种探测仪器，能

美国新型月球车

在月球表面进行自动巡视勘察，为后续的探月三期下程和未来载人登月、建立月球基地收集基本数据和资料。目前中国采取的是无人月球车技术路径。月球车和地球上行进的工具不一样。月球车既要经得住发射、降落和行进过程中的"摔、爬、滚、打"，还要经受得住月面空间环境长时间的"侵扰"。

月球表面坎坷不平，除了各种山坡，还有大大小小的环形山和几厘米到几十米不等的岩石。在这种情况下，月球车必须要克服重重障碍，既不打滑，也不翻车，前进、后退、转弯、爬坡、取物、采样和翻转样样精通。为了提高月球车的"逃离"能力，每个轮子都要有单独的驱动机构，就算其中一个轮子被卡住，其他轮子也能让月球车脱离险境。

神州探月

月球没有大气层，温度变化全由太阳光直接决定，所以日间最高温度可达120℃。而夜间则会降至-180℃，昼夜温差高达300℃。就算在日间，只要月球车局部处在阴影下，阴影内与阴影外的温差同样高达300℃。在这种情况下，制作月球车的材料必须能横跨300℃的温差，保证结构材料不变形、不断裂。月球车还要配备热控系统，以保证仪器设备处在-10℃~45℃的工作温度，否则这些"娇嫩"的仪器就会损坏或失效。此外，月球车的轮胎不能使用橡胶材料，防止迅速老化。

由于月球表面属于高真空状态，几乎没有大气，润滑油很容易挥发失效，或因为温度太低而凝固。因此，月球车和仪器设备各活动部件之间要用固体润滑材料，无论环境温度怎样变化，润滑材料都不会失效。在超真空环境中，月球车结构材料或仪器材料要能防止真空下的材料脱气，避免材料性能下降或失效。

因为没有大气层的保护，月球每天都会与超新星以及太阳风等大量宇宙射线等直接面对。当宇宙射线击中月球表面时，会引发微型的核反应，会使月球表面产生大批危险的次级辐射。登陆月球的月球车，将完全暴露在多种宇宙射线下，强烈

月球探测者的旅行用房车

的电磁辐射可能破坏电子遥控系统。因此，月球车上的光学和电子敏感器件，必须能在太阳耀斑和带电粒子辐射环境下"看清"各种目标，其他电子仪器也必须可以承受热辐射和带电粒子辐射。

月球表面被一层厚度不一的月壤覆盖着，因为太阳紫外线辐射的影响，月壤细粒会周期性地升起。月球车在月面行走时，也会带起大量月壤细粒，月壤细粒进入月球车将侵蚀月球车的轴承、齿轮和其他仪器设备，对机械元件造成磨损，影响探测效率与数据分析的准确程度。月壤落在太阳能电池板上，

同时会降低太阳能电池的发电效率。所以，月球车的机械系统要具备特殊的润滑、防尘、密封措施，相机等"视觉"系统要有尘埃防护功能。

月球自转一周是28天，一个夜晚相当于地球上的14天。在月球上的夜晚，月球车不能靠太阳能电池来供电。那么怎样才能熬过漫长的月夜，对月球车是很大的考验。一般来说，要在月面度过漫漫长夜，月球车不但需在白天储存电能，还要携带体积小、能量大的高效电源装置，如放射性同位素温差发电器，用来专门解决月夜期间的"能源危机"。另外，为了节约电能，在月夜期间，除少数必须工作的设备外，尽量使其他设备进入"休眠"状态，以便在极低的温度环境中存活13～14个地球日。当新的白天来临时，"休眠"的设备还必须能够自动"醒"来，继续工作。

月球上没有空气，当月球车、软着陆器或有效载荷发生振动时，没有明显的阻尼介质，无阻尼振动不能立即停止，所以必须寻找消减振动的有效方法。月壤摩擦系数通常小于0.1，月球引力也仅有地球的1/6，因此，月球车与月面之间的摩擦力相对较小。在设计月球车车轮时，还要考虑加大摩擦力。

神州探月

地月之间相距38万千米，地球与月球车的双向通信时间至少为25秒，再加上数据处理的时滞，通信时间可达15～30秒。月球车接受地面遥控，必须要有在未知环境下自主避障和自主导航的能力，防止进入移动"死区"、通信"死区"或能源"死区"。此外，月球还应该有局部路径规划和运动规划能力，通过传感器对周围环境、自身姿态和位置进行感知，依照三维地形图选择行进方向，勾画到达目标点的路径，引导控制月球车到达目的地。

月球车的移动方式，目前最受大家关注的主要有履带式、腿式和轮式几种，履带式月球车的越野性、稳定性和通过性都很好，但防尘密封难度较大。最为严重的是，在月壤中行进时，月球车的履带会被磨损或者卡死。另外，沉重的履带和繁多的轮体，导致月球车太笨重，消耗的功率也比较大。苏联当初在设计月球车时，曾考虑过履带式方案，但最终放弃了。

腿式月球车方便驱动，但在穿过松软的沙地时，驱动效率很低，稳定性也差，在复杂地面上行走时，运动控制很复杂。随着对轮式月球车研究的深入，现在已经几乎再找不到开发腿式月球车的方案了。

轮式月球车的特点是行进速度快、传动效率高、结构紧凑，因而受到众多机器人专家的重视。近年来，世界上已出现了各种各样可适应复杂地形的月球车底盘和悬架系统，轮式月球车开始成为月球车开发的主流形式。

轮式月球车按照车轮的数量，能分为四轮、六轮和八轮等。四轮机构的优点是结构紧凑、耗能低、负载能力大、重心低、姿态调整方便，缺点是车体的稳定性很差，爬坡和越障能力不强。运动稳定性、爬坡和越障能力，是研制月球车必须考虑的问题，因而月球车不适合采用这种方案。

六轮方案的优点是结构紧凑，地形适应能力强，越障性能优良，控制灵活，车体姿态平稳。缺点是重力在各车轮上分配不均匀，不能充分发挥驱动效率。

八轮方案具有结构对称，正向和逆向运动特性一致，重力在各车轮上分配均匀，驱动效率高，越障性能和地形适应能力强，车体行进过程中姿态平稳等优点。缺点是机构相对复杂，运动控制难度大。

目前，国内有一批高校和科研院所已经瞄准月球车研制项目，并进行了先期方案设计和研制，如中国空间技术研究院、哈尔滨自动化研究所、北京航空航天大学、清华大学、哈尔滨工业大学等十几家高校和科研单位，都已经设计出了月球车原理样机。

在第六届珠海航展上，展出了一台由中国空间技术研究院牵头制作的月球车原理样机。这辆月球车呈长方体形，总质量大约200千克，整体被金色薄膜覆盖，车底有3对共6只车轮，两侧安装一对太阳能电池板，顶端有一对三维成像的高清晰摄像头，中部是天线和信号接收装置，尾部是一个机械臂，看上去与美国发射的火星车——火星探路者非常相似。月球车外部的金色薄膜有很好的保温效果，既保证月球车在高温环境正常工作，又能让月球车安然度过月夜的极度严寒。车辆顶端的二维成像高清晰摄像头，采用了吉林大学自主创新的技术，即双目视觉环境感知自主导航系统。有了这双"眼睛"，这辆月球车就能获得前方障碍物的二维信息，通过车内计算机控制器的识别判断，让月球车自主判断转弯处是否直接越过障碍物。根据月球的复杂地貌，展示的月球车采用了独立驱动的六轮摇臂式行走系统。每个轮子都有自己独立的驱动系统，使得它们可以自行调整高度，与人的各个关节类似，既能互相协助，又能独立运动，是一位名副其实的"爬行高手"。参考国外月球车的行走距离，该月球车初步确定最短行走路程为 10 千米。

神州探月

美国 K10 机器人被用来执行高
重复性和长时间的任务

上海航天技术研究院联合其他科研单位研制的月球车身高 15 米，车身长 1.2 米，也是采用独立驱动的六轮摇臂式行走系统，每只轮子能同时适应不同高度。该月球车样车有 3 双眼睛，它的前后和顶端，各有一架双目立体相机，车顶的全局导航相机能够进行 360°旋转。这 3 双"眼睛"能观察到前方 3 米以内的地貌，进而自己编辑地图，确定行进路线。当前方出现大于 30°的斜坡、高于 25 厘米的石头、直径 2 米以上的环形山时，"眼睛"会在 3 米之外发出预警，告诉月球车紧急绕行。这辆月球车还专门配备了热控单元，这些热控单元如同一部强力空调，使车内的温度维持适宜。为了尽可能多地吸收太阳能，白天月球车会伸展双翼，尽量扩大自己与外界的接触面积。到了寒冷的夜晚，过大的接触面积会让月球车的热量损失，因此，月球车在夜晚将会缩成一团，将接触面积降到最低，以达到"缩骨"保温的效果。

为了达到我国探月二期工程月球车的总体设计要求，将采取竞争机制，优选最适合月球探测指标的月球车项目。2013年前后，我国生产的月球车，将行进在月球上地势较为平坦的月海地区，对月球进行实地探测。

最具实力的设计者

在嫦娥探月的路上，出现了一支紧锣密鼓地走着的队伍，它就是"嫦娥"1号卫星的研制单位，中国航天科技集团公司中国空间技术研究院。

这个国内具有最高实力的航天器研制单位，在几十年的时间里，研制成功包括"东方红"1号卫星、6艘神舟飞船在内的80多颗航天器，被誉为中国空间技术研制的"国家队"。

中国空间技术研究院与国内十几家相关研究单位一起，在国防科工委和集团公司的领导下，参加了我国月球探测二期工程论证，作为探测器论证组牵头单位并组织开展了大量论证工作。

为了使月球车的论证工作进一步推动，突破部分关键技术，早在"嫦娥工程"立项后，中国空间技术研究院就自主支持了"月球车方案研究与原理样机研制"的课题。三年多的努力之后，提出了总体方案，明确了关键技术，取得了重要成果。

他们通过对月球车巡视探测任务的研究，在借鉴国外月球车系统的划分方法的同时，结合我国航天器系统划分方法，根据我国航天器研制的实际情况，将研制的月球车原理样机划分为9个分系统。分别是移动分系统、结构与机构分系统、导航与控制分系统、综合电子分系统、电源分系统、热控分系统、测控数传分系统、机械臂分系统、科学仪器分系统。

初步确定的关键技术由月球车总体方案及优化技术；月球车移动技术；导航定位、路径规划与运动控制技术；同位素温差电源及其相关技术；新型热控技术；测控通信技术；仿真与地面验证技术等组成。同时，还要重点解决机构的锁紧、重复展开、防冷焊、设备的防尘、防静电、抗辐照、材料的高低温适应性以及低重力影响等问题。

中国空间技术研究院在方案论证和原理样机研制过程中，联合了国内相关技术优势单位，与哈尔滨工业大学、沈阳自动化研究所、中电集团18所、北京航空航天大学、吉林大学、北京理工大学、中科院电子研究所、解放军测绘学院等单位一起合作，成立了联合课题组，组成了月球车原理样机研制的"联合舰队"，开展了原理样机研制和多个专项技术的攻关，这些国内各个领域最强的选手组合在一起，从某种意义上来讲，出手的东西无疑代表了国家的水平。比如哈尔滨工业大学进行月球车移动部分的研制，沈阳自动化所进行机械臂研制，中电集团18所进行一次电源研制，北京航空航天大学进行路径规划、运动控制、性能评价体系研制，吉林大学进行视觉导航，北京理工大学进行视觉算法研，中科院电子所进行测月雷达研，解放军测绘学院进行视觉标定研制等，所取得的成果是很明显的，通过几年来的苦干，已经突破了多项技术。

中国空间技术研究院研制的月球车原理样机采用摇臂悬架构型，轮式行走装置，独立驱动；控制模式分为遥控操作和遥控操作加半自主控制两种；采用立体视觉完成周围环境识别；根据环境信息，结合样机性能和运动需求，实现安全路径规划；利用机械臂和研磨器实现就位探测；利用测月雷达对土壤厚度和分层等信息进行探测。

着陆器着陆后，月球车在着陆器帮助下，进行系统检查，启动月球车的程控，切断与着陆器的连接，沿滑轨移动至月面。到达月面后，展开太阳电池阵、全景，导航相机，对地面的通信联系进行测试，建立工作模式。月球车开始运动，绕着陆器一周，拍摄周围环境开始巡视勘察。

由于月面环境、月球车能源等方面的限制，他们设计的月球车的主要工作模式可分为三类：行走、探测、通信。三种模式相互独立，串行进行。月球车在月面停留，利用全景相机和导航敏感器建立环境信息，下传到地面，地面控制站按照环境信息、月球车状态确定任务指令，并注入月球车的计算机上。月球车按照指令到达目标后停止行走，各种科学仪器开始探测工作，存储探测数据；然后科学仪器开始停止探测工作，定向天线对地定向，传输探测数据和导航信息。这些过程重复进行。

对国外月球车科学仪器质量与整车质量的分析后，初步确定月球车科学仪器质量与整车的质量比在 20％左右。不同的发射任务中，月球车将承载不同的科学仪器。

根据对科学目标和科学仪器情况的分析，考虑月球车的复杂性和月面环境的特殊性，月球车的工作寿命必须超过 3 个月。为了最大限度地降低月夜无光照条件下的能量问题，在月夜月球车除了维持生存所必须工作的设备外，其他仪器、设备都要进入休眠模式。由于月夜长达 14 个地球日，依据国外的经验，采用同位素温差电源提供热量和电能，用来满足月夜休眠状态月面巡视探测器热控、通信能量的需求。

参照国外月球车的移动距离，将月球车最短行走路程初步确定为 10 千米。

为了对月球车的移动能力、导航与控制能力充分进行试验，中国空间技术研究院在北京航天城建设了月球车试验场。该试验场面积近约 600 平方米，利用火山灰实现对月壤的模拟，同时构建了典型月表地形地貌，并对着陆区的背景星空和光照条件进行了模拟。还对研制地面力学实验设备和 1/6 重力装置进行模拟。原理样机可以在试验场开展移动性、通过性、稳定性、局部定位、路径规划、运动控制以及遥控操作等试验。

为了对月球车原理样机在野外自然环境的移动和环境感知能力进一步考察，他们在宁夏、甘肃交界处建设了月球车野外试验场，试验场为沙漠地貌，试验过程中要考核远距离遥操作控制能力。在 2006 年 7 月 19 日，他们对月球车沙漠外场进行了试验，效果非常好。

2006 年 11 月 1 日，中国空间技术研究院研制的月球车样机开进了珠海国际航空航天博览会，接受了党和国家领导人的检阅。这台月球车引起了许多参观者的兴趣，很多人驻足在月球车前，在观看研制情况介绍的录像片后，继续观看技术人员进行远距离遥控操作。

中国空间技术研究院对月球车关键技术开展了大量深入的研究工作，大大推动了我国月球车研制技术的进步，为我国成功实施月球软着陆探测与自动巡视勘查奠定了坚实的技术基础。

研制小型、技术含量高的探测器，以小型化、低成本、高技术密度的探测器为主。一器多用，一次发射承担多种使命和多颗卫星组网发射的方式，将成为主流，而耗资数百亿美元进行月球探测的"阿波罗"计划，将永远成为历史。据预测，人类重返月球的预算将少于 20 亿美元。而一般的科学探测器的成本将少于 1 亿美元，制造周期将控制在 2～3 年左右，有的甚至更短。

国际合作会进一步加大。由于空间探测和空间科学研究涉及面广，规模大，技术难度高，需要经费多，特别是探测的结果均为科学研究，目前还没有报道过军事上的应用价值，因此，多国联合进行日地空间探测将成为未来的趋势。主要合作形式是多国共同承担经费，联合研制，实现数据交换，资源共享、优势互补等。

探测方式多样化。通过几十年的探测，已经总结出了探测各天体的合理途径，即：①发射探测器在近旁飞越或环绕，获得初步的遥感和探测信息；②在行星表面着陆，对着陆点附近进行更为详细的探测；③对行星表面的土壤进行采样，并运回地球做进一步的分析研究；④根据探测结果，考虑建设供人类生存和从事研究生产活动的行星基地，这样的探测途径是更加符合科学和技术的发展规律，也更加合理。

大量新技术得到发展和应用。如，在太阳能不能充分利用时，将大量采用同位素温差电池作为探测器的能量来源；对于长寿命的外行星探测任务，要运用自主导航与控制技术、星上自主管理技术等；新型的电推进技术、太阳帆推进技术等开始使用；深空探测的轨道设计普遍采用了天体借力飞行技术等。

神州探月

第八章　中国航天方兴未艾

中国航天 50 年

中国航天事业创建 50 周年纪念大会于 2006 年 10 月 13 日在京召开。中共中央总书记、国家主席、中央军委主席胡锦涛为大会发来贺信。中共中央政治局常委、国务院总理温家宝出席大会并发表重要讲话。

胡锦涛在贺信中指出，航天事业体现了一个国家综合国力。50 年来，我国一代又一代航天工作者，满怀为国争光的雄心壮志，肩负党和人民的重托，团结一心，顽强拼搏，勇于创新，无私奉献，建成了独立自主的完整的航天科技工业体系，取得了以"两弹一星"和载人航天为代表的伟大成就，使我国的经济实力、科技实力、国防实力和民族凝聚力大大增强。我国航天工作者创造的非凡业绩，已经载入了中华民族的光辉史册。胡锦涛说，当前，全党全国各族人民正在新的历史起点上奋力推进中国特色社会主义伟大事业。我国航天事业发展在新的形势下，具有更加广阔的前景。胡锦涛希望航天战线的同志们，继续坚持以邓小平理论和"三个代表"重要思想为指导，认真贯彻落实科学发展观，按照建设创新型国家的要求，继续弘扬"两弹一星"精神和载人航天精神，集中力量实施好国家重大航天工程，为我国航天事业的发展谱写出新篇章，为祖国、为人民做更大贡献。

温家宝在讲话中说，党和政府十分重视航天事业。50 年来，我国航天事业在工业和科技很薄弱的基础上起步，从无到有、从小到大，在战略战术导弹、运载火箭和卫星、载人航天等主要领域，实现了历史性的重大跨越，取得了令世界震惊的伟大成就。特别是在新世纪，我国载人飞船"神舟"5号、"神舟"6号相继成功发射并平安返回，实现了中华民族的飞天梦想。这是我国航天事业发展史上的又一个里程碑。温家宝说，50年来，我国几代航天工作者都把个人理想与祖国需要紧密结合在一起，将发展航天事业当成崇高使命，创造了伟大的业绩。在我国航天事业发展中孕育形成的"两弹一星"精神和载人航天精神，为中华民族增添了宝贵的精神财富。温家宝指出，我国航天事业走过了的平凡的奋斗历程，积累了非常宝贵的经验。第一，坚持党的统一领导，充分发挥社会主义制度的优势，使我国航天事业不断发展得到了根本保证。第二，坚持自力更生，自主创新，艰苦奋斗，是我国航天事业不断发展的基本立足点。第三，坚持有所为、有所不为，集中力量、重点突破，走符合我国国情国力的航天之路，是我国航天事业不断发展的战略选择。第四，坚持多学科集成、多部门协作，运用系统工程实施科学管理，是我国航天事业不断发展的有效方法。第五，坚持尊重知识、尊重人才，充分发挥各类人才的积极性和创造性，是我国航天事业不断发展的关键所在。温家宝强调，我国航天事业站在新的起点上，面临着新的形势和任务。要根据经济社会发展和国防建设的要求，贯彻自主创新、重点跨越、支撑发展、引领未来的方针，实施载人航天工程和月球探测工程等国家科技重大专项，在航天装备研制和空间技术、空间应用、空间科学领域取得新的突破。温家宝指出，加快我国航天事业发展必须做好以下几方面工作：一是加强科研攻关，突破核心技术，在关键领域拥有自主知识产权，构建航天科技创新体系。二是加大航天科技基础能力建设，加紧建设一批技术先进、功能配套、资源共享的基础设施和应用平台，增强航天事业发展后劲。三是加快体制改革和机制创新，建立与社会主义市场经济相适应、符合航天事业发展规律的科研、生产、应用体制。四是坚持和平发展，积极扩大航天领域的国

神州探月

际交流与合作。五是加强航天科技队伍建设，培养造就一支结构合理、素质优良的航天人才队伍。党和国家领导人的鼓励和要求，为中国航天快速发展指明了方向，提供了力量源泉。

中国航天事业开始于 1956 年，到现在为止已走过 53 年的光辉历程。半个世纪以来，中国独立自主地发展航天事业，在若干重要技术领域已进入世界先进行列，取得了令世界震惊的成就。中国坚定不移地走和平发展道路，主张外层空间是全人类的共同财富，积极支持和平利用外层空间的各种活动，不断探索和利用外层空间，不断为人类航天事业的发展作出新的贡献。

《中国的航天》自传书

从 2000 年中国政府发表《中国的航天》白皮书后，中国航天事业又取得很大进展。2006 年，中国政府再次发表《中国的航天》白皮书。

《中国的航天》白皮书提出了中国航天发展宗旨与原则。中国发展航天事业的宗旨是：探索外层空间，扩展对地球和宇宙的认识；和平利用外层空间，促进人类文明和社会进步，造福全人类；满足经济建设、科技发展、国家安全和社会进步等方面的需求，提高全民科学素质，维护国家权益，增强综合国力。

中国发展航天事业贯彻了国家科技事业发展的指导方针，总的来说是自主创新、重点跨越、支撑发展、引领未来。中国航天事业在新的发展阶段的发展原则是：坚持服从和服务于国家整体发展战略，满足国家需求，体现国家意志。坚持独立自主、自主创新，实现跨越式发展。坚持全面协调与可持续发展，发挥航天科技在国家科技和经济社会发展方面的带动与支撑作用。坚持对外开放，积极开展空间领域的国际交流与合作。

中国航天事业在"十五"期间，得到了快速发展，取得一系列新成就。建成了许多拥有世界先进水平的研制基地和试验基地，进一步对研究、设计、生产和试验体系等进行完善，航天科技基础能力明显提高；空间技术整体水平飞速提升，攻克一批重大关键技术，载人航天获历史性的突破，月球探测工程全面启动初步形成；空间应用体系，应用领域进一步拓展，应用效益显著提高；空间科学实验与研究都取得重要成果。

在空间技术方面，自主研制并发射了多颗不同类型的人造地球卫星，整体水平显著提高。发展形成了6个卫星系列——返回式遥感卫星系列、"东方红"通信广播卫星系列、"风云"气象卫星系列、"实践"科学探测与技术试验卫星系列、"资源"地球资源卫星系列和"北斗"导航定位卫星系列。同时，海洋卫星系列即将形成，构建"环境与灾害监测预报小卫星星座"计划也在紧张实施。一批新型高性能卫星有效载荷研制成功。各种应用卫星初步投入到业务运行中，其中"风云"1号和"风云"2号气象卫星被世界气象组织列入国际业务气象卫星系列。地球静止轨道大型卫星公用平台的各项关键技术取得重要突破。大容量通信广播卫星研制获得阶段性成果。微小卫星研制及应用工作取得很大进展。

在载人航天方面，1999年11月20日至21日，中国成功发射并回收第一艘"神舟"号无人试验飞船，随后又成功发射三艘"神舟"号无人试验飞船。2003年10月15日至16日，发射并回收"神舟"5号载人飞船，取得载人航天飞行的首次成功，突破了载人航天基本技术，成为世界上第三个独立开展载人航天的国家。2005年10月12日至17日，"神舟"6号载人飞船实现"两人五天"的载人航天飞行，第一次进行了有人参与的空间试验活动，在载人航天领域又取得一个重大成就。此外，绕月探测工程的预先研究和工程实施也开展，并取得重要进展。

运载火箭方面，从1996年10月至今我国自主研制的"长征"系列运载火箭连续发射成功45次以上，新一代运载火箭多项关键技

"神舟"5号载人飞船发射

神州探月

术均有重大突破，120 吨级推力的液氧/煤油发动机和 50 吨级推力的氢氧发动机研制进展顺利。

酒泉、西昌、太原三个航天器发射场建设获得新的进展，综合试验和发射能力有了很大提高，多次完成了各种运载火箭、各类人造卫星、无人试验飞船和载人飞船的发射任务。

航天测控网的整体功能被进一步增强和拓宽，多次为各种轨道的人造地球卫星、无人试验飞船和载人飞船的发射、在轨运行和返回着陆进行了测控支持。

在空间应用领域，卫星遥感应用的领域和规模不断扩大，一批应用关键技术取得突破，基础设施得到加强，应用系统的技术水平和业务化运行能力明显提高，初步形成全国卫星遥感应用体系。建设和完善了国家遥感中心，国家卫星气象中心、中国资源卫星应用中心、国家卫星海洋应用中心、中国遥感卫星地面站，以及国家有关部门和许多省市的卫星遥感应用及论证机构。光学遥感卫星辐射校正场建成并投入使用。利用国内外遥感卫星，积累形成覆盖范围广、时间序列长的多波段卫星对地观测数据资源，提供多种遥感产品和服务。在一些重要领域，卫星遥感应用系统已投入业务化运行，特别是在气象、地矿、测绘、农业、林业、土地、水利、海洋、环保、减灾、交通、区域和城市规划等方面得到广泛应用，在国土资源大调查、生态建设和环境保护以及西气东输、南水北调、三峡工程等重大工程建设中发挥出重要作用。

卫星通信广播技术发展迅速，应用日益广泛，应用产业已初步形成。截至 2005 年底，中国拥有国际、国内通信广播地球站 80 多座，全国共有卫星广播电视上行站 34 座，国内几十个部门和若干大型企业共建立了 100 多个卫星专用通信网，各类甚小口径终端站达 5 万多个。卫星广播电视业务的开展与应用，提高了全国广播电视，特别是广大农村地区广播电视的有效覆盖范围和覆盖质量，卫星通信广播技术在"村村通广播电视"和"村村通电话"工程中发挥了不可替代的作用，卫星远程教育宽带网和卫星远程医疗网初具规模。中国作为国际海事卫星组织成员国，已建成覆盖全球的海事卫星通信网络，跨入了国际移动卫星通信应用领域的先进行列。

通过"卫星导航应用产业化"等重大工程项目的实施，利用国内外导航定位卫星，在卫星导航定位技术的开发、应用与服务方面取得长足进步。卫星导航定位的应用范围和行业不断扩展，全国卫星导航应用市场规模以每两年翻一番的速度快速增长。卫星导航定位技术已广泛应用于交通运输、基础测绘、工程勘测、资源调查、地震监测、气象探测和海洋勘测等领域。

在空间科学领域，与欧洲空间局合作实施了"地球空间双星探测计划"，协同欧洲空间局的四颗空间探测卫星，首次实现世界上对地球空间的六点同步联合探测，获得重要的探测数据。开展了月球和太阳系探测的预先研究。利用"神舟"号飞船和返回式卫星，开展了空间生命科学、空间材料科学和微重力科学等领域的多项研究，进行了农作物空间诱变育种探索和高能空间天文观测，取得重要成果。开展了对空间环境监测和预报研究；在空间碎片的观测、减缓和预报方面取得重要进展；初步具备对空间环境试验性的预报能力。

在《中国的航天》政府白皮书中，披露了我国新的航天事业发展规划，明确了未来五年及稍长一段时期的发展目标和主要任务。按照这一发展规划，国家将启动并继续实施载人航天、月球探测、高分辨率对地观测系统、新一代运载火箭等重大航天科技工程以及一批重点领域的优先项目，加强基础研究，超前部署和发展航天领域的若干前沿技术，加快航天科技的进步和创新。

实现的发展目标是：运载火箭进入空间能力和可靠性水平明显提高；建立长期稳定运行的卫星对地观测体系、协调配套的全国卫星遥感应用体系；建立较完善的卫星通信广播系统，卫星通信广播产业规模和效益显著提高；分步建立满足应用需求的卫星导航定位系统，初步形成卫星导航定位应用产业；初步实现应用卫星和卫星应用由试验应用型向业务服务型转变。

实现航天员出舱活动及航天器交会对接；实现绕月探测；

神州探月

空间科学研究取得重要原创性成果。

主要任务是：研制新一代无毒、无污染、高性能、低成本和大推力的运载火箭，最终实现近地轨道运载能力达到 25 吨，地球同步转移轨道运载能力达到 14 吨；全面完成 120 吨级推力的液氧/煤油发动机和 50 吨级推力的氢氧发动机的研制工作；提高现有"长征"系列运载火箭的可靠性和发射适应性；启动并实施高分辨率对地观测系统工程；研制、发射新型极轨和静止轨道气象卫星、海洋卫星、地球资源卫星、环境与灾害监测预报小卫星；开展立体测图卫星等新型遥感卫星关键技术研究。初步形成全天候、全天时、多谱段、不同分辨率、稳定运行的对地观测体系，实现对陆地、大气、海洋的立体观测和动态监测；统筹发展卫星遥感地面系统和业务应用系统；对改善现有遥感卫星地面系统进行整合与完善，建立和完善国家级的遥感卫星数据中心，建设和完善遥感卫星辐射校正场等定量化应用的支撑设施，初步实现了社会公益服务领域的遥感数据共享；建立了卫星环境应用机构和卫星减灾应用机构，若干重要业务应用系统形成；在卫星遥感主要应用领域取得突破性进展；研制并发射长寿命、高可靠、大容量的地球静止轨道通信卫星和电视直播卫星；发展卫星直播、宽带多媒体、卫星应急通信、公益性通信广播等技术。进一步将卫星通信广播的普遍服务功能发展和完善，增加卫星通信领域的增值服务业务。积极推进卫星通信广播的商业化进程，扩大通信广播卫星及应用的产业规模；将"北斗"导航试验卫星系统完善，启动并实施"北斗"卫星导航系统计划。发展卫星导航、定位与授时的自主应用技术和产品，建立与卫星导航定位相关的、规范的位置服务支撑系统、大众化应用系列终端，扩展应用领域和市场；研制并发射新技术试验卫星，加强新技术、新材料、新器件、新设备的空间飞行验证，提高自主研发水平、产品质量与可靠性；研制并发射"育种"卫星，让空间技术与农业育种技术的结合的同时，扩大空间技术在农业科研领域的应用；研制空间望远镜、新型返回式科学卫星等卫星；对空间天文、空间物

理、微重力科学和空间生命科学开展基础研究，取得重要成果；加强空间环境同空间碎片的监测能力，初步建立空间环境监测预警体系；载人航天进行航天器交会对接试验实现航天员出舱活动；开展具有一定应用规模的短期有人照料、长期在轨自主飞行的空间实验室的研制以及载人航天工程的后续工作；实现绕月探测，突破月球探测基本技术，研制和发射中国第一颗月球探测卫星"嫦娥"1号，主要进行月球科学探测和月球资源的探测研究；开展月球探测工程的后期工作；将航天发射场综合试验能力和效益提高，进一步优化航天发射场布局，提高航天发射场设施、设备的可靠性以及自动化水平；进一步提高航天测控网的技术水平和能力，扩大测控覆盖率，拥有初步满足深空探测需求的测控能力。

神州探月

中国正在实施的"夸父"计划

究竟是雷雨云团孕育了龙卷风？还是暖流的海水孕育了台风？大气层底部的天气有着可预测的规律。但是空间天气却不是如此。太阳爆发会引起地磁暴已是众所周知，但是真正具有破坏力的却是一些不明显的爆发事件。2006年7月底在北京召开的西太平洋地球物理会议上，提出了"夸父"计划，它们会对空间天气监测中的这个关键空白进行填补。

中国预备在2012年左右发射名为"夸父"的太阳天文台，用于高精度的监测太阳爆发和地磁暴。对于空间天气预报来说，这个计划很重要。

"夸父"是中国古代神话中追逐太阳的人，酝酿中的"夸父"计划将成为中国最具雄心的空间科学计划。"夸父"计划包括了3颗卫星。其中一颗卫星将被放在拉格郎日1（L1）点，专门监测太阳耀斑和日冕物质抛射（CME），给将要发生量的地磁暴提供3天的预报。另外两颗卫星将被放置在地球磁层处，专门对北极光进行24小时监测。如果它能上天，那么，"夸父"将创下很多第一。

虽然加拿大和欧洲的研究机构领导了这个计划的科学目标的制定，但是，"夸父"计划主管，北京大学的涂传诒称，中国本土的科学家在仪器设备的研发方面将起到关键作用。

　　"夸父"计划是未来几年里中国最具雄心的空间科研项目，它包含了中国的许多项首创技术，一旦顺利发射升空，中国在空间研究领域的地位将大大提高。2012 年将会是下一个太阳活动峰年。专家认为，如果 2012 年"夸父"能够顺利升空的话，它将与国际上其他 18 颗卫星形成协同观测的体系，其中，"夸父"是核心。目前，"夸父"计划前期项目

北极光

进展顺利，科学家们已经开始研究与"夸父"计划相关的有效载荷、航天器平台的初始设计以及发射、跟踪、控制和资料传输等方面的问题。但有关专家也说出，对中国实施"夸父"计划，仍面临着许多技术上的挑战。

探测火星的工作

　　虽然我国政府还未提出火星探测的计划，但是火星确实是人类深空探测的另一个目标，是航天大国已经光顾或正在准备光顾的星球。

　　尽管我国还没有登上月球，但是，科学家们已经开始向火星上瞄准了。不少专家说，在月球探测实施的基础上，我国已具备了开展火星探测研究的基本条件，可以把预定的技术完善后实现绕火星探测。我国专家指出，我国进行火星探测需要解决的主要关键技术体现在以下几个方面。

　　1. 火星探测的轨道设计：火星和地球围绕太阳一同运行，为到达火星，要考虑到运载发射能力、发射窗口、光照条件、通

信条件等约束条件，综合优化发射轨道、地—火转移轨道、近火星制动轨道以及环绕火星轨道的设计，并制定中途修正策略。

2. 火星探测的轨道测量与确定技术：主要的是解决地—火转移及环火星轨道的轨道精确测量以及轨道确定技术，解决的途径分为地面测控系统和星上自主导航。

3. 火星的环境条件：大气、辐射、热等环境，是航天器设计的输入条件。如在月球探测工程中建立其地面大口径深空测控天线，则能对火星探测任务的顺利实施提供有利的保证。

4. 火星探测的科学仪器技术：针对火星的特点和科学探测目标，研究相应的科学仪器，获取所需的科学数据。

除上述四项外，为进一步对火星探测，还需要攻克下列关键技术：

1. 火星软着陆技术：火星是有大气的天体，但其大气密度仅相当于地球的 1/100，有强烈的大气运动；火星表面地形复杂，多石块，其引力常数相当于地球的 2/5。因此，火星表面的软着陆既不同于地球，也不同于月球表面软着陆，需要研究相应的气动减速、烧蚀防热、降落伞、着陆缓冲等技术。

2. 火星表面巡视技术：包括适应火星表面条件的运动行走技术、自主导航避障、路径规划等。

3. 能源技术：火星附近的太阳常数只有地球附近的 1/2，因此，提高太阳电池的转换效率同时更好地利用太阳能是提高航天器性能的主要手段；同时，同位素技术也被大量地用于火星探测的电源和热控技术。

4. 自主技术：包括自主导航、自主控制、星上数据自主管理、星上状态的自主控制等。

中国具备火星探测条件吗

我国相关领域专家在论证现有的工程条件下实现火星探测的可行性的时候，对现有的"长征"3 号 B 运载火箭和"嫦娥"1 号卫星平台经适应性改造后，能否飞向火星的问题展开了研究，并且提出了自己的见解。

推力问题：对于火星探测，通常采用运载火箭送入地—火转移轨道的方式。"长征" 3 号 B 运载火箭具备这种能力。此后，由卫星自身提供中途修正、近火星制动和火星轨道保持等速度增量，初步分析大约为 2.5 千米/小时。但目前 "嫦娥" 1 号的推进剂提供的速度增量不能满足此需要。若要增加推进剂携带量，必须要改进卫星现有的主结构形式，增加推进剂的携带量，卫星总重将突破 3000 千克，突破 "长征" 3 号 B 的运载能力。

测控通信能力：火星距地球的距离远远大于月球距地球的距离，距离的增大使通信链路损耗增大约 60dB。在月球探测二期工程中，我国将建立新的深空测控站。在此条件下，对于现有的 "嫦娥" 1 号，必须合理地降低数据天线速率，改进星上测控天线系统的工作频段、研制天线、应答机等相关设备。同时，对于地—火转移轨道、环绕火星轨道的轨道测量与确定精度需要进一步研究与解决。

电源系统能力：用于火星附近的太阳常数只相当于地球的一半，所以，利用现有的太阳电池阵提供的功率的下降将超过一半以上。为适应这个变化，可以考虑使用转换效率更高的太阳电池片。因为飞行时间长，光照环境变化大，所以对电源控制器的分流能力提出更高的要求，考虑到由于太阳电池阵面积的增加，整星质量也会继续增加。

其他分系统：目前考虑制导导航与控制分系统硬件配置可大致保持不变，但具体指标需根据火星探测任务的需要进行相应修改。火星外热流变化相对月球比较简单，热控系统根据新的结构布局进行相应设计就行，推机系统、数据管理系统等可基本保持原来的面貌，只做少量修改。

从上述分析可以看出，用现有的工程条件，要把 "嫦娥" 1 号卫星平台改造为火星探测器，必须对平台的总体结构、测控通信系统、电源系统做较大的改进，而其他系统的局部进行相应修改。卫星的变化，势必增大质量，就需要与运载火箭协调其发射地球—火星转移轨道的能力，与地面测控通信协调通信的体制与测定轨精度，才能进一步确认完成火星探测任务的可行性。反之，如果火箭能力不变，则"嫦娥"1号卫星平台的干重及有效载荷的质量来通过各种途径大大减小，以此来减小燃料的需求，这样既能达到需要的速度增量，又不会超出运载的能力。

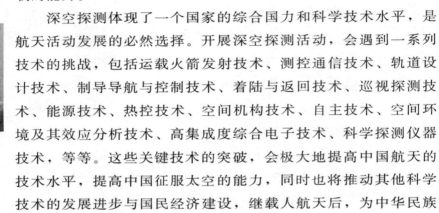

神州探月

深空探测体现了一个国家的综合国力和科学技术水平，是航天活动发展的必然选择。开展深空探测活动，会遇到一系列技术的挑战，包括运载火箭发射技术、测控通信技术、轨道设计技术、制导导航与控制技术、着陆与返回技术、巡视探测技术、能源技术、热控技术、空间机构技术、自主技术、空间环境及其效应分析技术、高集成度综合电子技术、科学探测仪器技术，等等。这些关键技术的突破，会极大地提高中国航天的技术水平，提高中国征服太空的能力，同时也将推动其他科学技术的发展进步与国民经济建设，继载人航天后，为中华民族的伟大复兴再创新的辉煌。

经过50年的空间科学研究和航天工程技术的实践，我国在技术基础设施、人才等方面都已经具备了开展深空探测研究的能力。国民经济的持续发展，也为航天事业的跨越式发展提供了物质基础。只要勇敢地面对挑战，进行扎实的研究，做到充分的验证，做好各项基础工作，借鉴吸取他人的经验，就一定能攻克各项技术难关，走出具有中国特色的深空探测之路。在当年条件下，中国航天可以冲破一切阻挠，克服一切困难，创造出辉煌的业绩，那么，我们完全有理由相信中国航天，在今天，会走得更远。

中国第一幅月图

2007年11月26日上午9时，"嫦娥"1号卫星正在进行第223圈绕月飞行之时，党中央、国务院、中央军委在北京航天城隆重举行仪式，发布"嫦娥"1号卫星拍摄的第一幅月面图片，国务院总理温家宝出席了发布仪式。第一幅月图的发布，标志着我国绕月探测工程取得圆满成功。

"嫦娥"1号卫星在2007年10月24日由"长征"3号甲运载火箭成功发射，在8次变轨后，由2007年11月7日准确进入高度为200千米的极月圆轨道。经过12天的调姿、测试等工作，"嫦娥"1号卫星携带的CCD立体相机开机，在2007年11月20日开始对月面进行拍摄。科技人员将传回的探测数据进行处理，并制作完成了"嫦娥"1号卫星拍摄的第一幅月面图片。在以后的一年时间里，"嫦娥"1号卫星还会陆续地传回各种探测数据，供我国科学家进行研究。

"嫦娥"1号卫星携带的CCD相机，采用线阵推扫的方式获取月面图像，轨道高度大约200千米，每一轨的月面幅宽为60千米，像元分辨率为120米。第一幅月面图总共有19轨图像制作而成，图上是月面上宽约280千米、长约460千米的月面区域。该区域大约位于月球东经83°到东经57°、南纬70°到南纬54°之间。为了保证图像清晰，在太阳与月面夹角大于15°时，"嫦娥"1号卫星携带的CCD相机进行始拍摄。第一幅月面图中右侧60千米宽的条带，是CCD相机拍摄的第一轨月面图像。

第八章　中国航天方兴未艾

在地面上用肉眼看到的月球大似银盘，皎洁明亮，所以古代人们一直认为月球是一个冰清玉洁的光滑球体。事实上，月球并没有我们肉眼所见到的那样洁白光莹，而是一个坑坑洼洼、凹凸不平的世界。

中国第一幅月面图片覆盖区域是月球高地，显示出月球上分布着不同大小、形态、结构和形成年代的撞击坑。其中已查到被命名的4个撞击坑，分别是汉诺坑、庞特库兰特坑、吉尔坑和赫尔姆霍茨坑。从图中看来，高地地区撞击坑分布密集，右上部颜色较暗的撞击坑被后期的玄武岩所覆盖，它的分布稀疏。

结合已有资料得知，第一幅月面图覆盖区域的斜长岩高地，大约形成于42～39亿年前，撞击坑分布密度很大；覆盖在撞击坑中的玄武岩，大致形成年龄为39～38亿年，撞击坑分布密度较小。

第一幅月面图显示，撞击坑的形成年龄不同，大的撞击坑

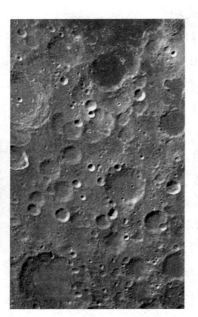
中国第一幅月面图片

内有比较年轻的小型撞击坑，如吉尔坑边缘和内部，分布有许多的小型撞击坑；形态发育完整新撞击坑，让周围老的撞击坑变形，如吉尔坑下部的两个撞击坑。

环形山是人类通过望远镜发现最早的月貌特征，也是月球表面最明显的特征，几乎遍布整个月面。特别是那些具有放射纹的环形山，非常引人注目。环形山这种月表地貌最早由伽利略命名，后来一直至今，也有人把撞击坑叫做环形山。一般来说，面积较大的凹坑可以称为环形山，但小型凹坑称为撞击坑更容易理解。

南极附近的克拉维环形山是月球上最大的环形山。克拉维环形山直径 210 千米，比海南岛还大一点，小的撞击坑可能只有几千厘米的。据统计，月球上直径不小于 1000 米的环形山，有 33000 个，大约占月球表面积的 7%～10%。

对于月面上环形山和撞击坑的成因，长期以来有两种说法。一种认为它们在火山活动中形成的火山口，一种认为是在小天体撞击中形成了环形山。

与地球表面火山活动、天然撞击及人工爆炸产生的凹坑相比，月球上大多数环形山和撞击坑，都是因陨星撞击而形成的，只有很少一部分是由火山爆发而形成的。由于月球表面没有大气，小天体可以毫无阻挡地撞向月球。在撞击的瞬间，温度会迅速升高，并产生爆炸，形成一个比撞击天体大得多的撞击坑。同时，爆炸产生的冲力，会向四面八方溅起月面物质。月面物质散落后，堆积成撞击坑四周的隆起边缘。撞击坑中央隆起或环形凸起，是由于非常猛烈的撞击引起地层反弹而造成的。

从"嫦娥"1 号卫星发回的第一幅月面图可以看出，撞击坑的形态各个相同，初步分析主要为碗形坑、具有中央隆起的撞击坑、玄武岩后期充填的平底坑和多环撞击坑。

　　碗形坑是最简单的一种撞击坑，直径大约在 10～20 千米以内。具有中央隆起的撞击坑，中心部位的发育有中央隆起，其高度比撞击坑壁略低一些。中央隆起是由于撞击体高速挖掘成坑后的应力反弹造成的，如庞特库兰特坑下方的撞击坑。玄武岩后期充填的平底坑，对太阳光的反射率较低，形成年龄比其他撞击坑晚，如汉诺坑及其右下侧的撞击坑。大型撞击挖掘成坑后，坑内壁产生出地层倒转、断裂发育、坑壁塌方，形成阶梯状的多环形态，这就是多环撞击坑，如庞特库兰特坑。

　　20 世纪 50 年代以前，很多人以为环形山和撞击坑是月面独有的地貌特征，其他星体上很少存在。半个世纪以来，对太阳系其他星体进行的近距离探测表明，环形山和撞击坑在太阳系中的类地行星、小卫星甚至小行星中非常普遍。这说明，在太阳系生成后 40 多亿年的漫长历史时期，小行星、彗星等小天体撞击行星、卫星的次数很多。甚至那些根本不可能产生火山爆发的小卫星、小行星，也如同月球一样遍布撞击坑。

陨　石

　　地球上虽然很难看到撞击坑，但类似的凹坑结构是存在的，美国亚利桑那州至今还遗留着一个巨大的撞击坑。1976 年，我国吉林市发生了一次陨石雨事件，其中最大的一块陨石，在地面上砸出了一个大坑。地球上由于有大气层保护，陨星的冲击能量较小，再加上几十亿年来，太阳光、大气以及水流的风化、剥蚀作用，和地壳的板块运动，地球上众多的撞击坑早已被破坏得面目全非了。

　　据研究推断，从新生代以来，地球上发生过至少 6 次的陨星撞击事件。这些撞击事件不但会形成撞击坑，而且会引发地震、海啸和气象变化，甚至导致地球上出现重大的生物灭绝事件。1908年6月30日，发生在俄罗斯西伯利亚通古斯地区的彗星撞击爆炸事件，造成了大面积森林被烧毁，大量动物因缺乏食物和环境改变而死亡。这是离我们最近的小天体撞击地球的实例。

"嫦娥"1号卫星发回的第一幅月面图覆盖区域，是月球南部的高地地区。高地是月球上用肉眼看来比较明亮的区域，这些区域由很多浅色的斜长岩组成，对太阳光的反射率较高，所以在地面看起来比较明亮。

月面上平常用肉眼看到的暗黑色斑块，叫做月海。月海是月面上相对低洼和较为平坦的广阔平原，反射率较低、颜色较深的玄武岩将其覆盖，实际上一滴水也没有。

高地大约比月海水准面高出2～3千米。在月球正面，高地的面积与月海大致相等，但在月球背面，高地的面积比月海大出许多。从同位素测定分析，高地是月球上最古老的地形特征。

月球上已确定有22个月海，它们的直径各异，大的如风暴洋，面积约500万平方千米，约相当于法国国土面积的9倍；小的如泡海，直径只有160千米。月海大致呈圆形或椭圆形，四周大都被一些环形山脉包围，但也有一些月海是连成一片的。月海地势大多较低，跟地球上的盆地相似。月海区一般都比较平坦，坡度一般在0°～10°之间。

月海约占月球表面积的17%。除东海、莫斯科海和智海位于月球背面外，其他19个月海都散布在月球正面，相当于月球正面面积的一半。从地球上看月球表面，较大的月海有10个，分别是位于东部的风暴洋、雨海、云海、湿海和汽海，位于西部的危海、澄海、静海、丰富海和酒海，这些月海都被月球内部喷发出来的大量熔岩所充填。某些月海盆地中的环形山，也因喷发的熔岩覆盖而形成规模宏大的暗色熔岩平原。

除了月海以外，月面上还有5个月湖——梦湖、死湖、夏湖、秋湖、春湖地形与之类似。有的"湖"比"海"面积还大，如梦湖面积达7万平方千米，比汽海大得多。

神州探月

根据已有的月球探测结果，月球上也有雄伟的山脉，它们大多以地球上的山脉命名，如亚平宁山脉、高加索山脉、阿尔卑斯山脉等。其中最长的是亚平宁山脉，长达 1000 千米。月球上的山脉并不高，一般只比月海水准面高出三四千米。除山脉外，月球上还有 4 座长达数百千米的峭壁，它们是酒海边缘的阿尔泰峭壁、静海中的科希峭壁、云海中的直壁和湿海西部边缘的利比克峭壁，其中阿尔泰峭壁最长。

地球上有着很多的裂谷，如东非大裂谷，月面上也有这种构造，那些看起来弯弯曲曲的黑色大裂缝被称为月谷。有的月谷长达上千千米，宽度从几千米到几十千米不等。阿尔卑斯大月谷是最著名的月谷，联结雨海和冷海，月面上的阿尔卑斯山被它拦腰截断，看起来很壮观。从太空拍得的照片估计，阿尔卑斯大月谷长达 130 千米，宽 10～12 千米。

月面另外有一个主要特征，就是一些较"年轻"的环形山，常带有美丽的"辐射纹"。辐射纹以环形山为辐射点，向四面八方延伸，以几乎笔直的方向穿过山系、月海和环形山。辐射纹长度和亮度各不相同，最吸引眼球的是第谷环形山的辐射纹，最长的一条长 1800 千米，满月时非常壮观。其次，哥白尼和开普勒两个环形山，也有非常美丽的辐射纹。据统计，月面上具有辐射纹的环形山有 50 多个。月面辐射纹的形成原因至今没有定论，但许多人都主张陨石撞击说，认为在没有大气和引力很小的月球上，陨星撞击会使高温碎块飞得很远。另外一些科学家认为不能排除火山的原因，火山爆发时的喷射，也有可能导致辐射四处飞散。

"嫦娥"1 号卫星发回的第一批探测数据，已获得月面宽约 280 千米、长约 460 千米区域的二维图像和三维图像。根据地球遥感制图的实际经验，要制作出全球二维图，在获取所有数据后，通常还需要 6 个月到 1 年的时间，而三维立体图的制作，则需要更长的时间。根据"嫦娥"1 号的探测计划，在 2008 年 1 月 31 日前，我国能够获取除月球两极地区以外（南北纬 75°以上）的月面区域图像数据。因此，我国第一幅不含极区的月面二维图像，会在 2008 年下半年制作出来，首幅全月面三维立体图，会在 2009 年制作出来。

海南文昌——中国未来的登月港

目前我国有三个在用的航天发射场，分别是酒泉卫星发射中心、太原卫星发射中心、西昌卫星发射中心。这三个发射场各具特色，有着不同的发射任务。

酒泉卫星发射中心在我国西北部甘肃省酒泉市东北地区，海拔 1000 米，于 1958 年 10 月建成，占地面积约 2800 平方千米。该地区地势平坦，人烟稀少，视野开阔，地理优势得天独厚，是发射载人航天器的理想场所。酒泉卫星发射中心所在地属内陆及沙漠性气候，年平均气温 8.7℃，相对湿度为 35％～55％。常年干燥少雨，春秋两季较短，冬夏两季较长，一年四季多晴天，日照时间长，云量小，每年大约有 300 天可进行航天发射试验。这里生活环境虽然艰苦，但能够为航天发射提供很好的自然环境条件。在世界 23 个发射场中，我国的酒泉卫星发射中心与俄罗斯的拜科努尔航天发射场、美国的肯尼迪航天发射中心齐名，都可以发射载人航天器。

太原卫星发射中心于 1966 年建成，其发射区位于山西太原市西北。这里地处太原盆地，属大陆性气候，降水少，是火箭发射的好地方。1988 年 9 月 7 日，"长征" 4 号甲火箭在这里起飞，首次把我国研制的 "风云" 1 号太阳同步轨道气象卫星送入轨道。随后，"风云" 1 号气象卫星、中巴地球资源卫星和多颗美国铱星在这里先后发射。至 2007 年 9 月，太原卫星发射中心已成功将 38 颗国内外卫星送入太空，航天发射成功率达 100％，居世界前列。太原卫星发射中心如今已成为我国发射极轨卫星的主要发射基地。

西昌卫星发射中心总部在四川省西昌市，发射区位于西昌市西北的冕宁县境内，是我国目前在用的三大航天发射场中最南端的航天发射场。西昌卫星发射中心经过 20 多年的建设，

神州探月

已成为世界一流的航天发射场。因为该发射场纬度低，海拔高，对发射地球同步轨道卫星非常有利，所以，西昌卫星发射中心在绕月探测工程中，承担了"嫦娥"1号卫星的发射任务。

由于历史原因，中国现有的三个发射场都位于偏远山区或荒漠，只能靠铁路运输火箭。铁路运输需要穿越许多隧道，因此火箭组件的最大直径必须在 3.5 米以内。中国现有的"长征"系列火箭，最大直径为 3.35 米，可以勉强通过铁路隧道。"长征"5 号运载火箭最大直径超过 5 米，无法用铁路运输到现有的三个航天发射场。

另外，中国现有的三个航天发射场纬度都比较高，纬度最低的西昌卫星发射场，也处于北纬 28.1°的位置，不利于火箭运载能力的提升。

根据地球自转和重力影响的特点，发射场的纬度越低，地球自转提供的初速度越大，发射时所需的推力就越小。如果从赤道向东发射航天器，则能将地球的转动能量最大限度地利用，这借助了地球的自转来提高航天器的飞行速度。另外，从赤道或靠近赤道的发射场向东发射地球静止轨道卫星时，可以让卫星的飞行轨道与最终轨道处于或靠近同一平面内，这样卫星横向机动所需要的大量能量可以节省，有利于延长卫星的运行寿命。所以，在选择发射场时，尽量选择在低纬度地区，最好是建在赤道附近，这样既可以借力，又能省力。目前，设在南美洲圭亚那的库鲁航天发射中心是国际上公认理想的发射场。该发射场的纬度为南纬 5°，由欧洲空间局管理。从库鲁航天发射中心发射同样质量的地球静止轨道卫星，比从处于北纬 28.5°的美国卡纳维拉尔角的肯尼迪航天发射中心发射要节省 15％的推进剂。欧洲的阿里安火箭就是在库鲁航天发射中心发射的，这也是阿里安火箭在国际商业发射市场上的一个重要竞争优势。

为满足发射"长征"5 号系列运载火箭和新型航天器的任务需求，使长征火箭的运载能力提高，经国务院、中央军委批准，我国决定在海南省文昌市建设新的航天发射场。

文昌航天发射中心在海南省文昌市附近，地处北纬 19°19′，东经 109°48′ 的位置，是中国陆地纬度最低、距离赤道最近的航天发射场，也是少数几个世界上靠近赤道的航天发射场之一。中国的长征系列火箭，在海南发射地球同

海南航天发射场开工仪式

步轨道卫星，比在西昌发射地球同步轨道卫星，火箭的运载能力可提高 10%～15%，卫星寿命可超过两年。同时，新的发射场选在海南，可以通过水陆运输火箭，不再受铁路运输的限制。另外，从海南文昌发射火箭，其发射方向 1000 千米范围内是茫茫大海，因此坠落的残骸不易造成意外事故。

中国在 20 世纪 70 年代，建设航天发射场时，就曾经把海南岛西海岸列为最佳场址之一，但因为当时冷战的国际背景以及保密和安全方面的要求，最终改在较隐蔽的四川省西昌市。

建设海南文昌航天发射中心项目在 1994 年开始启动，海南文昌航天发射场在 2009 年 3 月底正式开建，并力争在 2013 年具备发射条件。海南文昌航天发射中心建成后，将成为我国第四个航天发射中心，承担地球同步轨道卫星、大质量极轨卫星、大吨位空间站和深空探测器等航天器的发射等主要任务。西昌卫星发射中心未来将密切配合海南文昌航天发射中心，承担应急发射任务。

按照中国探月工程规划，西昌卫星发射中心承担探月工程一期、二期的发射任务。海南文昌航天发射中心是未来为载人航天、深空探测和载人登月计划服务的中国首个低纬度发射场。

可以预测，海南文昌航天发射中心今后也将成为中国未来最为重要的载人登月港。

第九章　世界主要航天国家扫描

美国的"谋求独霸太空"计划

世界航天活动 21 世纪以来呈现出蓬勃发展的新态势。主要航天国家相继制定或调整航天发展战略、发展规划和发展目标，在国家整体发展战略中，航天事业的作用将日益突出，航天活动对人类文明和社会进步的影响进一步增强。

美国总统布什在 2006 年 8 月 31 日签发了新的国家航天政策，替代了克林顿总统于 1996 年 9 月签发的航天政策。这项新政策在延续老政策的基础上，根据国内外重大形势变化做了修正。

美国的新航天政策重申"美国反对任何国家对外层空间及其天体或其他任何部分拥有任何主权的主张，不接受对美国在空间和从空间获取信息的基本权利的任何限制"，认为美国空间系统有权不受干扰地在太空穿越和运作，同时强调为了保护这种权利、能力及其行动自由，美国将采取必要行动保护美国能力，对干扰作出响应，阻止敌方使用反对美国利益的空间能力。

新政策增加了一条新的原则：即美国"将反对制定旨在禁止或限制美国进入太空和利用太空的新的法律制度或其他限制措施"，这是针对中俄等国在联合国倡导反对在外空试验和部署太空武器所发出的明确表态，声称"拟议中的军备控制协议或有关法规，不应削弱美国为保障国家利益而进行的研究、开发、试验和在太空操作或其他活动的权利"。

与 1996 年的航天政策比较，新的政策在支持布什倡导的重返月球和远征火星的太空探索目标的同时，还针对当前的全球反恐斗争需要，更加强调利用太空搜集情报用于国内国际反恐活动，保证国家安全、国土安全和外交政策目标的实现。

美国航天政策的目标是：加强美国的航天领导地位，确保空间能力可及时应用，保证美国的国家安全、国土安全和对外政策目标的实现；实现美国在空间及通过空间的无障碍运行能力，保卫美国的利益；使具有创新性的载人及无人空间探测计划继续实施进行，将人类在太阳系中的活动范围扩大；增加民用空间探测、科学发现及环境活动的效益；建立生机勃勃、具有全球竞争力的国内商业航天产业，以促进创新，保证美国的领导地位以及美国的国家安全、国土安全和经济安全；建立稳健的科技基础，支持美国的国家安全、国土安全和民用航天活动；鼓励与外国政府及/或团体开展空间活动领域的互惠合作，深化和平探索和利用空间，以促进国家安全、国土安全和外交政策目标的实现。

准确地说，指导美国航天活动的原则：一是和平利用外空；二是反对任何国家对外空及其天体或其任何部分拥有主权，对美国空间系统在空间和从空间获取信息的任何限制均不接受；三是寻求国际合作；四是美国空间系统有权不受干扰地在空间活动和通过空间，对美国空间系统的有意干扰就是对美国权利的侵犯；五是劝阻别国不得妨碍美国行使这种权利；六是对旨在禁止或限制美国自由出入和使用外空的新法规或其他限制措施持反对态度；七是鼓励和促进美国商业航天产业的发展。

一看便知道新政策为发展太空武器定调。美国空间网站报道，白宫科技政策办公室公布了新的国家空间政策文件。该政策在支持美国在月球、火星以及以外的探测活动的同时，还指出，在后"9·11"时代，美国执行太空任务时将不会受到任何妨碍，并禁止敌对国家利用太空。

该文件称："美国在空间探测方面在过去的 50 年里，一直

神州探月

领先于其他国家，并一直致力于发展稳固的民用、商用及国家安全空间基地。那些有效利用空间技术的国家在 21 世纪，将享有额外的繁荣与安全，比其他国家具很大的优势。新的空间政策应确保美国任何时候都有充分的太空能力推动国家领土安全，实现其外交政策目标。"另外，该政策还号召国防部长"制订必要计划，对空间能力大力发展以确保这一目标的实现；并在接到命令的时候，对敌对国家自由行动的权利不予承认"。这是美国 10 年来对整体太空政策首次作出全面修改。

在 2006 年版《四年防务评估报告》中，提升太空作战能力被美国列为美军今后的重点发展方向。《纽约时报》报道，2007 年五角大楼将研制五大太空武器：

1. 天基拦截器

该计划的主导思路是部署装备有多种杀伤拦截器的卫星，运用高速撞击方式摧毁来袭的弹道导弹，在太空部署 2～3 枚拦截器，是该计划的最初阶段。它们能够击落搭载核生化弹头的弹道导弹。这一方案得到美国防部高级官员支持。之前，有报道曾指出美国导弹防御局要在 2008 年才可决定是否部署天基拦截器，然而五角大楼无疑加快了这种天基武器的部署步伐。2007 年的

弹道导弹

预算进一步指出："天基拦截器计划将会发挥空间系统的同有优势，并被整合到弹道导弹防御系统中去。"

2. 近地红外卫星

美国国防部的官员称这种卫星只具有防御性，而不具有攻

击性。但是，这种新型卫星能够携带一种小型的杀伤器。这种杀伤器利用穿行于近地球轨道的物体所产生的动能（其运行的速度是子弹的 7 倍），摧毁来袭导弹和轨道卫星。由于多方面的因素，导弹防御局当前没有给近地红外实验卫星配备杀伤器，用一套德国制造的激光通信终端来代替。然而，早在 2005 年，美国国会就宣称在该卫星上搭载杀伤器。2007 年的预算中，导弹防御局顺水推舟，为该计划申请了经费支持。

3. 实验太空船系统

该系统具有监视、跟踪、干扰和破坏其他国家军事侦察和卫星通信的能力。由一套小卫星系统构成，其作战过程是：由空间观测网对敌方各种卫星进行不间断观测，编存目标参数，对其性质（军用或民用）进行判断，并不间断监视目标卫星的运行情况，在适当时机会将装有杀伤武器并具有机动变轨能力的小卫星发射到预定轨道，依据自身的打击装置攻击确定的目标。为加快实验太空船系统计划的实施，国防部在 2007 年度财政预算中对其进行拨款。

4 "护卫者"纳米卫星

绝密级"护卫者"纳米卫星计划的目的在于开发高价值空间资产防御能力。这种纳米卫星在地球同步轨道中运行，设计寿命为 1 年，拥有强大的太空监视性能，有独立提供局部太空态势感知的能力。纳米卫星在 2009 年早些时候已具备飞行试验的能力。五角大楼为它申请了所需资金。

5. "恒星之火"激光武器

这种新型激光武器用以专门对付敌方轨道卫星之类的太空设施，它的"理发镜"装置直径大于 3.4 米，可以将强力光束发射至太空，而且光束威力非常大。五角大楼在 2007 年为其专门拨款，启动该研制计划。

此外，一些美国军事专家还提出要发展能将敌方卫星拖离轨道的"太空拖船"以及能自动锁定目标然后发起攻击的太空雷，等等。2006 年 10 月 12 日美国防务新闻网站报道，保卫美国卫星免受攻击，最终阻止对手破坏卫星的任何能力，已成为美国太空官员最优先考虑的事务。美国战略司令部开始启动一项"对美国太空控制活动进行指导和提升优先级"的新计划。

美国航空航天局近期宣称，美国一家新成立的四方公司（4FRONTIER）计划用 20 年左右的时间在火星上建立一个小型的人类定居点。四方公司计划 2007 年之前在地球上模拟火星家园建立一个 2250 米的基地公同，向游客收取参观费用，用来募集整个火星移民项目的启动资金。此项目需要 2500 万美元的启动资金，该公司估计，到 2010 年仅门票收入一项就可达 700 万美元。四方公司的火星殖民计划是：先由一组航天员携带建造房屋的材料和工具登陆火星，在那里建立基地，预计到达火星的旅程将花费几个月时间。因为火星大气有毒，移民抵达火星后，只能在注入新鲜空气的封闭空间内生活。然后，这批先遣队员将就地取材，尽可能地扩建火星基地。

俄罗斯将重振航天大国雄风

经过了十多年的阵痛后，经济复苏的俄罗斯开始试图找回昔日的自尊，重振航天大国的雄风。俄罗斯不仅开始加快恢复军事通信卫星、侦察卫星、预警卫星等各类军事卫星，还加快恢复导航卫星星座。同时开始研制和发射各类军民两用和民用、商用卫星。此外，俄罗斯制订了一系列月球探测和火星探测计划，或联合或独立开展深空探测活动。

俄罗斯在 2009 年计划向火星的卫星"火卫"—1 发射一颗取样探测器。发射窗口预计在 2009 年 10 月。取样探测器要经过 10～11 个月的漫长太空飞行然后到达目的地。2011 年，完成任务的探测器开始返回地球，花费掉与去的时候一样的时间。"火卫"—1 与火星距离不到 6000 千米。它在 100 万年前成为火星的一颗卫星，对它进行研究能帮助科学家们了解太阳系和地球的起源。目前，美国宇航局和欧空局都没有向"火卫"—1发射探测器的计划，由于"火卫"—1体积小，轨道运行速度快，探测器着陆尤其困难。俄罗斯有关方面表示，探测器用新型材料制造，质量会大大降低。这一发射是俄罗斯重返行星计划开始的标志。

牛气冲天的欧洲航天

在世界航天领域，正在雄起一支大军，这就是欧洲空间局。今天，欧空局正以一种逼人的态势，成为继美和俄后，世界航天举足轻重的力量。

几十年来，欧空局国家活跃在人类航天的前沿，一直进行航天技术的开发研制和应用，如今，在空间科学、一次性运载火箭、对地观测卫星和通信卫星等航天技术领域，都达到了世界领先水平，是人类航天领域不能小看的"欧洲军团"。

1. 欧空局是航天技术国际合作的典范

多国联合，实现航天技术的发展，成为当今世界航天的发展趋势，而欧空局在这方面进行了成功的试验。几十年来，欧洲实现航天技术飞速发展的重要原因是欧洲国家联合行动，实现技术、资金和资源的共享，成功的运作成为航天技术研制和空间技术应用的强大军团。

欧空局包括14个成员国。它们分别是：奥地利、比利时、丹麦、芬兰、法国、德国、爱尔兰、意大利、荷兰、挪威、西班牙、瑞典、瑞士和英国。14个成员国集中资源，共同工作，对欧洲国家进行空间探索和发展先进航天技术开创了新的途径。

欧空局的总部位于法国巴黎，另外，在荷兰、德国和意大利都专门设立了技术与协调中心，在美国华盛顿和俄罗斯的莫斯科设有联络办公室。正确的决策、先进的运作手段、坚实的工业基础和科学的管理方法，使欧空局取得了飞速发展。在短短的时间里，欧空局不仅研制出威力巨大的运载火箭，还研制出性能非常先进、在国际市场上极具竞争力的卫星。如欧洲遥感卫星（ERS）、SPOT 卫星、"数据中继卫星"（DRS）、"太阳和日球层观测台"（SOHO）、"伽利略"导航卫星、"自动转移飞行器"（ATV）以及"哥伦布轨道舱"等。目前全球空间商业化市场的最大份额，被欧空局研制的通信卫星和运载火箭占据，它成为世界航天的举足轻重的重要组成部分。纵观今天的世界航天，欧洲航天以它卓越的成果已经赢得了世界航天界和大多用户的认同。

2. 谋求载人航天技术的发展

世界载人航天经历了 20 世纪 50 年代的准备、60 年代的突破载人航天、70 年代的发展实用性空间站、80 年代的发展航天飞机和 90 年代的发展及应用大型空间站四个阶段。欧空局在载人航天领域也展开了尝试。载人航天是继应用卫星后一个重要的航天技术领域，为了保持载人航天领域的先进水平，欧洲先后提出了发展哥伦布空间站、"赫尔墨斯"小型航天飞机、"有人照料自由飞行器"以及"阿里安"—5 运载火箭等计划。有关资料显示，欧空局的载人航天投资，一直在不断增大，从 20 世纪 80 年代初占整个航天经费不足 10％提高到 90 年代初的 60％。欧空局空间在 1984～1994 年总投资 220 亿欧洲货币单位，其中载人航天占 42.7％，卫星占 19％。

3. 建立欧洲独立的导航卫星系统

为了打破美国一家在巨大的卫星导航市场的霸主态势，获得巨大的市场利益，增加就业机会和在地区事务中拥有更多的发言权，欧洲一直在实施一项建立在民用全球导航卫星系统上的庞大计划，即欧洲著名的"全球导航卫星系统"计

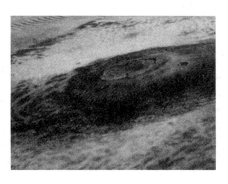

火星表面

划。该计划分两步实施，第一步是建立一个与美国 GPS、俄罗斯的 Gionass 系统相容的第一代全球导航卫星系统（GNSS—1），第二步是建立一个完全独立的第二代全球导航卫星系统（GNSS—2）。在 2002 年 GNSS—1 系统部署完成，于 2004 年完成运营试验。

几年来为建立一个独立的第二代全球卫星导航系统（GNSS—2），欧洲使用了大量的经费对方案论证和相关技术进行开发。2002 年 3 月 26 日，欧盟 15 国交通部长会议一致通过，"伽利略"导航卫星计划正式启动，这标志着欧洲将有自己的卫星导航定位系统，美国 GPS 系统独占鳌头的局面结束。该系统由欧空局国家和欧洲工业界等联合投资，经费预算为 32亿～36 亿欧元。"伽利略"系统是一个由 30 颗卫星组成的完全独立的系统，定位精度可达厘米级，工作寿命超过 20 年。据悉，通过"伽利略"，汽车和火车没有司机也能自动行驶；飞机可在任何机场降落；轮船即使在大雾中也能安全航行，等等。目前，该计划正在紧张地实施，可以预见，在未来，随着"伽利略"全球导航卫星系统的建立，欧洲进入一个全新的阶段，在航天世界军民两用导航定位卫星市场的激烈竞争中，欧洲将扮演非常重要的角色。

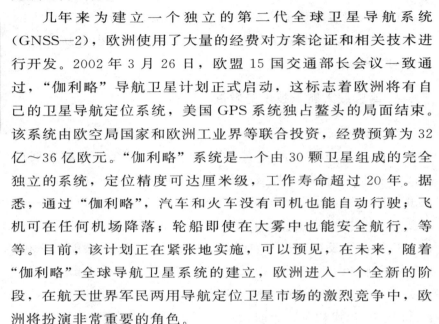

4. 独立的太空军事力量正在崛起

随着冷战的结束和多极化世界政治割据的形成，尤其是科索沃战争后，欧空局各成员国认识到建立一支欧洲独立的太空军事防务力量的重要性。欧洲的一些政治家和军事家都看到，不管欧洲在经济上有多大成就，没有自主的军事手段，就只能任人摆布，在国际舞台上难以确立自己的地位，强大的欧洲必须要由太空军事实力来支撑。于是，建立独立的军事空间体系，成为欧空局航天技术的另一个发展目标。该目标的重点是：走欧洲"共同防务"的道路，建立独立、有效地获取所需战略和战术信息及战场动态的军事空间系统，实现在地球上较大区域内进行有效的作战和指挥。

因为侦察卫星可以及时获得全天候、全天时的敌方军事情报，从而增强快速决策和战略威慑能力，掌握战场的主动，所以，欧空局决定研制自己的侦察卫星系统。西欧联盟会议在1995 年 6 月，通过了《向欧洲天基侦察系统进军》的报告，提出了用 10 年时间，投资 100 亿美元，建立一个包括光学和雷达成像侦察卫星、导弹预警卫星、通信卫星和跟踪与数据中继卫星在内的全方位的欧洲军用卫星体系。同时将以法国为首的侦察卫星体系扩展为泛欧计划，经费由欧盟成员国共同分担。欧洲军事侦察卫星的发展策略是以法国为首，瞄准建立军事侦察卫星体系的目标，在 21 世纪成为世界上第三大军事空间集体。

与此同时，欧空局对空间技术研制进行了重大调整，主要表现一是在民用卫星的基础上发展军事卫星，二是在研制军用卫星方面进行多国合作并建立军用卫星体系，三是新系统的开发注重军民两用。欧洲的军用通信卫星过去主要是"天网"、北约"NATO"和法国的"锡拉库斯"系统。整个军事卫星侦察体系由"太阳神"照相侦察卫星、"樱桃"和"泽农"电子侦察卫星、导弹预警卫星等组成。

5. 未来的欧空局的发展

在 21 世纪，欧空局正在谋求空间技术更大、更快的发展。欧空局部长级会议在 1995 年起草了关于《2000 年后欧洲航天政策》的报告，报告中提出了欧空局发展目标是：将具有世界竞争力的运载火箭技术继续发展，使欧洲自主进入空间的能力增强，优先发展降低进入空间费用的技术计划，保持欧洲在国际空间

侦察卫星

科学领域的世界领先地位，在世界气象及环境监测中发挥重要作用，推动自然灾害监测和管理计划，使未来先进通信、导航技术以及其他航天应用计划得以发展。

21世纪欧空局制定的新的空间战略的指导思想是追求科学知识，提高生活质量，欧洲在全球市场中的成功合作与竞争，以及促进欧洲工业的发展。在2001年11月、召开的欧洲空间部长会议提出了未来欧空局投资的重点，一个是重点开发如"伽利略"导航卫星项目在内的有着巨大商业潜力的项目，另一个是开发如"团星"2号计划在内的扩大对空间的认识，有益于公众的空间科学项目。

为实现欧洲空间技术的重点发展目标，据介绍，欧空局准备再花10多亿美元对耗资90亿美元研制的"阿里安"—5火箭进行改进，使其地球同步转移轨道运载能力从现在的6900千克达到11000千克。该计划的实施，将让"阿里安"—5火箭在世界上的地位处于领先。

目前，欧空局正在规划被称为"生命行星"的未来25年的航天政策，它包括一系列调查环境和大气层的空间探测器，开发新的卫星和技术。并且提出了"阿蒂米斯"（ArterrSs）的通信卫星计划，该计划的实施，宣告了新一代通信业务的开始。

在火星探测方面，欧空局也提出了"火星快车"号探测器（Mars Express）计划，对火星大气的地表进行探测考察。

此外，欧洲在21世纪还将进行"远红外和亚毫米波望远镜"（FIRST）和"普郎克"两项新的空间科学计划，即（PLANCK）观测台，在2009年由"阿里安"—5火箭发射。

神州探月